2019年度国家出版基金资助项目（2019F-068）

扫码看视频·轻松学技术

农业物联网

应用模式与关键技术集成

李奇峰　赵春江　主编

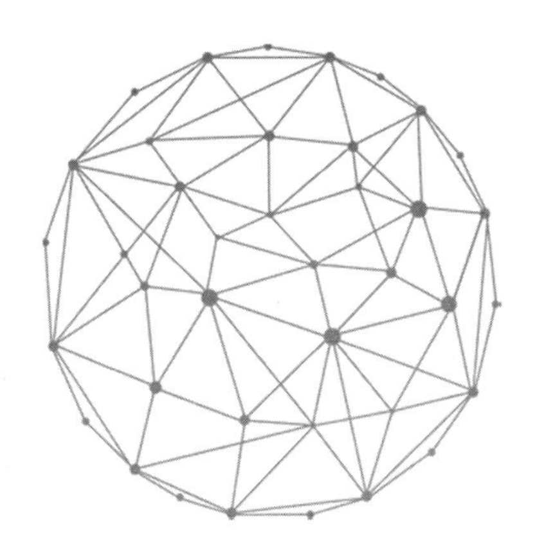

中国农业出版社
北　京

本书编委会

本书编写组

主　　编： 李奇峰　赵春江

副 主 编： 余礼根　高荣华　丁露雨　马为红　陈天恩
祝　军　周宪龙　梁丽娜　李　夷　肖伯祥

编写人员（按照姓氏笔画排序）：

丁露雨　于沁杨　马小净　马为红　王　荣
王　维　王明慧　史磊刚　冯　璐　吕　阳
刘建刚　杜天天　李　夷　李奇峰　李嘉位
肖伯祥　余礼根　汪彩华　张　权　陈天恩
周宪龙　郑姗姗　孟　蕊　赵怡梦　赵春江
赵鹏飞　祝　军　姚春霞　晁海波　高荣华
郭　峰　淮贺举　梁丽娜　蒋瑞祥　韩　沫
赖成荣　薛向龙

音像编写组

监　制： 刘爱芳

出品人： 刁乾超

制片人： 李　夷

主　编： 李奇峰　赵春江

副主编： 王华勇　李　夷　余礼根　陈天恩　李道亮　刘继军　陈　阜　许世卫

参　编（按照姓氏笔画排序）：

丁露雨　于沁杨　马为红　马　浩　王　成
王利春　王明慧　王　荣　王　铂　王　彬
王清滨　石　晨　申亚椞　冯　璐　吕　阳
乔晓军　任华中　刘二丰　刘　乐　刘成磊
刘行易　刘俊雷　刘爱巧　刘领教　江　岩
许冠华　杜天天　杨瑞燕　李　文　李文艺
李乔伟　李　敏　李越超　吴英昊　汪彩华
张仁平　张志岩　张　炜　张　涛　张海庆
林　森　周奇良　周　波　周　雪　周　皓
孟志军　孟　蕊　祝　军　姚春霞　徐　凡
高荣华　郭文忠　郭　洁　郭洁滨　郭　瑞
陶　江　淮贺举　董春燕　蒋永年　蒋瑞祥
赖成荣　谭亚楠　薛向龙　薛国平

当前，我国已经进入科学把握新发展阶段、深入贯彻新发展理念、加快构建新发展格局的历史时期，进入信息化引领支撑新型工业化、城镇化、农业现代化的关键时期。推动信息化与农业现代化全面深度融合是提升农业产业整体素质、综合效益和竞争力的重要途径，是深入推进农业供给侧结构性改革、加快转变农业发展方式、实现农业高质量发展的根本出路，是加快农业农村现代化的内在要求。

党中央、国务院对农业农村信息化工作作出了重要部署安排。农业农村信息化要面向世界科技前沿，面向全面实施乡村振兴战略的主战场，面向国家农业农村发展重大战略需求，加强信息技术与农业领域融合发展的基础理论突破、关键技术研究、重大产品创制、标准规范制定、典型应用示范，实现“电脑替代人脑”“机器替代人力”“自主可控替代技术进口”三大转变，推动建立以“信息感知、定量决策、智能控制、精准投入、个性服务”为特征的现代农业体系。

物联网作为新一代信息技术的重要组成部分，是信息化与农业现代化融合的重要切入点，是加快我国农业向“高产、优质、高效、生态、安全”发展的重要驱动力。加快突破低成本农业信息获取技术瓶颈，建立航天卫星、航空遥感、地面物联网联合空地协同的信息实时观测与获取系统，攻克新型农业传感器、动植物生长发育模型、智能分析决策等“卡脖子”技术，创制自主可控的核心技术与智能装备，面向农业全产业、全要素、全系统建立农业物联网创新体系，是我国现代农业发展的重要方向。

为顺应农业信息化发展的新趋势和新要求，在总结理论研究和技术应用实践的基础上，北京农业信息技术研究中心（国家农业信息化工程技术研究中心）组织编写了《农业物联网应用模式与关键技术集成》多媒体图书。产品立足国内外农业物联网发展实践，围绕农业物联网的实际应用，在实践中提出问题，再实践再认识，并对农业物联网发展现状、存在的问题以及未来发展趋势等进行了深入细致的分析，为政府部门指导农业物联网发展、新型农业经营主体应用物联网技术、相关科研院校和企业研发创新提供参考借鉴。

中国工程院院士 赵春江

2020 年 12 月

目录
CONTENTS

第一章　绪　　论

第一节　农业物联网基本概念

一、物联网

物联网是新一代信息网络技术的高度集成和综合应用，通过智能感知、识别技术与普适计算等通信感知技术，广泛应用于网络的融合中，也因此被称为继计算机、互联网之后世界信息产业发展的第三次浪潮。“物联网”一词最早出现于1995年比尔·盖茨的《未来之路》一书中。1999年，美国麻省理工学院的教授首先提出物联网概念，其核心思想是应用电子产品编码为全球每个物品提供唯一的电子标识符，运用射频识别技术完成数据采集，通过与互联网相连的软件和服务器达成信息共享。2009年8月，温家宝总理在视察中国科学院无锡物联网产业研究所时指出，“在传感网发展中，要早一点谋划未来，早一点攻破核心技术”“在国家重大科技专项中加快推进传感网发展”“尽快建立中国的传感信息中心，或者叫‘感知中国’中心”。自温总理提出“感知中国”以来，物联网产业被正式列为国家五大新兴战略性产业之一，物联网在中国受到了全社会极大关注。

物联网是信息化和工业化、城镇化、农业现代化深入融合的产物，是新一轮产业革命的重要方向和世界产业格局重构的重要推动力。顾名思义，物联网是物物相连的互联网，是互联网的应用拓展。国家发展和改革委员会、财政部及各行业部门纷纷将物联网应用作为重点工作加以支持。2011年4月，工业和信息化部、财政部联合出台了《物联网发展专项资金管理暂行办法》。2011年8月，国家发展和改革委员会正式批复首批国家物联网应用示范工程，组织开展物联网在智能交通、智能公共安全管理、智能农业、智能环保、智能林业等重点领域的应用示范，探索统筹物联网核心技术研发、标准体系建设和产业化。2011 年 11 月，工业和信息化部《物联网“十二五”发展规划》正式发布。2012 年 7 月，国务院又印发了《“十二五”国家战略性新兴产业发展规划》，明确提出了物联网发展要求。2013 年 2 月 5 日，《国务院关于推进物联网有序健康发展的指导意见》印发，提出了加快技术研发、推动应用示范、改善社会管理、突出区域特色、加强总体设计、壮大核心产业、创新商业模式、加强防护管理、强化资源整合共 9 个方面的任务。这些政策与措施陆续出台，极大地促进了我国物联网技术的应用与发展，其在安防、电力、交通、物流、医疗、环保等领域的应用取得较大的发展。

二、农业物联网

农业物联网集成先进传感器、无线通信和网络、辅助决策支持与自动控制等高新技术，可以实现对农业资源环境、动植物生长等的实时监测，获取动植物生长发育状态，病虫害、水肥状况以及相应生态环境的实时信息。并通过对农业生产过程的动态模拟和对生长环境因子的科学调控，达到合理使用农业资源、降低成本、改善环境、提高农产品产量和质量的目的。

农业物联网通过在农业系统中部署有感知能力、计算能力和执行能力的各种信息感知设备，通过信息传输网络，实现农业系统中人机物一体化互联。农业物联网以更加精细和动态的方式认知、管理和控制农业中各要素、各过程和各系统，极大地提升对农业系统动植物生命本质的认知能力、农业复杂系统的调控能力和农业突发事件的处理能力。以物联网为代表的信息技术在农业领域的广泛应用，将变革农业生产组织方式，解放农业生产力，大幅度提高劳动生产率、土地产出率和资源利用率，是发展现代农业的必然选择。

狭义的农业物联网，或从技术角度看，是指应用射频识别、传感、网络通信等技术，对农业生产经营过程涉及的内外部信号进行感知，并与互联网连接，实现农业信息的智能识别和农业生产的高效管理。在这里，物联网主要是指：①一种技术手段，它既是互联网技术的拓展，又是现代信息技术的创新。②依托自动识别与通信新技术，实现物与物的相连。③各类传感器感知的信号，主要是种植业、畜牧业、水产业中所涉及的土壤、环境、气象等自然类信息，其处理与管理的数据也主要是农业生产系统内部的自然要素信息。简单地说，狭义农业物联网是指农业生产相关的物与物连接的一项新技术。

广义的农业物联网，或从管理角度看，是指在农业大系统中，通过射频识别、传感器网络、信息采集器等各类信息感知设备与技术系统，根据协议授权，任何人、任何物，在任何时间、任何地点实施信息互联互通，以实现智能化生产、生活和管理的社会综合体。它是信息社会中农业领域发展的更高形态。在农业物联网中，存在各类信息感知识别、多类型数据融合、超级计算等核心技术问题。概括地说，广义农业物联网就是农业大系统中的人机物一体化互联网络。

第二节 农业物联网的地位、作用及意义

一、农业

促进农业发展方式转变、发展现代农业，迫切需要现代农业信息技术与智能装备的支撑。当前，我国发展现代农业面临着资源紧缺与资源消耗过大的双重挑战。农业灌溉用水、肥料、农药等利用率低下，浪费严重，生命信息和环境信息实时获取与处理能力不强，管理与决策水平不高。发展农业信息技术和装备，推进农业技术集成化、劳动过程机械化、生产经营信息化，促进农业生产方式逐渐由经验型、定性化向知识型、定量化转变，农业生产管理方式

由粗放式转向精细化，实现合理使用农业资源、降低生产成本、改善生态环境、提高农产品产量和品质，是现代农业发展的重要方向。发展现代农业，是提升国家粮食安全水平的必然选择。当前，国际经济形势复杂严峻，全球气候变化影响不断加深，现代农业发展面临着资源、环境、市场等多重约束。利用信息技术对各种农业生产要素进行数字化设计、智能化控制、精准化运行和科学化管理，可以切实提高农业资源利用率、劳动生产率和土地产出率，有效保障国家粮食安全和重要农产品有效供给。

二、农村

推进农业产业化经营和农村现代服务业发展、增加农民收入，迫切需要农业信息技术支撑。当前农村产业结构逐步走向多元化，农业土地利用结构开始走向规模化，农村劳动力就业结构发生较大变化，产业链经营正在成为现代农业发展的重要途径，同时面临着市场供求信息不准确、农产品质量控制手段落后、农业企业管理水平低下等突出问题，迫切需要加快农产品市场信息服务、农村电子商务、农村数字化物流等方面的信息化建设。促进农业产业化经营和农村现代服务业健康发展，是统筹城乡发展，建设幸福乡村的迫切需要。我国城乡数字鸿沟、信息孤岛普遍存在，城乡之间在要素平等交换、公共资源均衡配置、公共服务均等化方面有显著差异，需要充分发挥农业信息化作为传统农业“转换器”、农村发展“倍增器”和公共服务“助推器”的作用，缩小城乡差别，提高农村经济社会管理的科学化水平，不断满足农民群众日益增长的生产经营和文化生活的信息需求。

三、农民

统筹城乡发展、改善农村民生，迫切需要健全农村综合信息服务体系。当前，城乡经济社会一体化进程不断加快，无线通信技术逐步深入农村，农村信息化建设迎来新的发展机遇，也面临着缩小城乡“数字鸿沟”、实现城乡信息服务均等化的重大挑战，迫切需要研制农村适用型网络接入设备和普适型多功能信息服务终端。加快建设农村户联网络，开发面向农村科技、教育、医疗、文化、就业等的远程数字化和可视化综合信息服务系统，有利于缩小城乡生活水平差距。推进信息赋能，是促进农民增收的重要手段。农业信息化基础薄弱，农民信息获取能力差、信息需求难以得到有效满足，成为制约农民增收的重要因素，因而要加快推进农业信息化，充分发挥网络低成本、多样化、高效率的信息传播优势，向广大农民传授先进适用的技术知识，提供多样化的信息咨询服务；减少市场交易风险，降低农业生产成本，培育有文化、懂技术、会经营的新型农民，促进农民收入持续较快增长。

第三节 农业物联网技术架构

物联网已成为世界经济和科技发展的战略制高点之一，将物联网技术应用于农业生产与经营全过程，改造传统农业，推动农业农村现代化，对我国农业农村发展具有重大而深远意义。

一、农业信息感知

信息感知技术是农业物联网的关键技术，传感器是信息感知技术的核心。农业物联网感知层由各种传感器和传感器节点组成，实现对光、温、水、气、热等常规环境信息，土壤水分含量、苗情长势等作物生长信息，动植物行为、生理参数、营养状态等生命信息的获取。农业物联网感知层所获取的信息被广泛采集和存储后形成海量数据，为农业信息智能处理提供可靠的依据和支撑。

农业物联网感知技术基于实时采集和存储的大量生命体数据，分析动植物生长发育、行为活动等方面的规律，构建复杂的数学模型和组织模型，结合感知得的各类环境信息，揭示生命体与周围环境因素之间的相互作用机理，发现农业领域生命体的共性及个性特征，并将之用于农业环境的控制改善和农事管理的精准实施。农业物联网感知技术把传统农业的人、机、物有机联系起来，提高了人感知物、控制物的能力，大幅提高了农业生产效率。

农业物联网感知层的各类传感器和传感网络为农业信息的全面获取提供了手段，传感器是农业物联网的核心技术，高端传感器的核心部件（如激光器、光栅等）是制约我国农业物联网发展的瓶颈，研发具有自主知识产权的农业专用传感器是我国农业物联网发展的重点。土壤养分传感器、土壤重金属传感器、农药残留传感器、作物养分与病害传感器、动物病毒传感器以及农产品品质传感器等，都是物联网感知技术提升的重中之重。

二、农业信息传输

信息传输技术运用各种类型的有线或者无线的网络，为信息的可靠交互和共享提供了媒介。由于农业环境的复杂性，农业物联网的信息传输要根据实际情况选择不同的通信方式。目前农业物联网典型的信息传输技术主要包括农业现场总线技术、无线传感网络技术和移动通信技术。

农业现场总线技术适用于农业恶劣工作环境，广泛应用于智能农机数据采集传输、农机导航控制、农业环境监控、节水灌溉系统等。无线传感网络技术主要包括低功耗广域网（LPWAN）、ZigBee*、Wi-Fi、Bluetooth 等，具有较高的稳定性，可有效替代有线传输方式。移动通信技术主要利用手机等移动设备，借助移动网络设施，实现农业信息传输。第 5 代移动通信技术（5G）将加速农业物联网的数据传输，及时获得农业生产、经营、服务信息。

农业信息传输的实时性、准确性、稳定性，为农业物联网处理和应用提供了基础保障，有利于各方基于数据感知进行相应的决策，提高农业管理水平。

---

* ZigBee 是基于 IEEE 802.15.4 标准的低功耗网络协议。——编者注

三、农业信息处理与应用

农业物联网应用层将感知与输出的各种数据信息，通过数据挖掘和知识学习，建立基于业务逻辑的管理控制策略和模型，通过终端设备提供有效的信息服务和对农业生产实施具体的管理控制措施。农业物联网应用层的关键技术包括云计算、云服务、深度学习、模型决策、技术标准规范等。

农业物联网的作用对象是不同生命体，具有显著品种差异性、生育期差异性、地域间差异性的特点，农业物联网根据不同的应用领域随需而变。我国的优势科研机构在农业资源精细监测和调度、农业生态环境监测和管理、农业生产精细管理、农产品质量追溯、农产品物流等方面形成了一些典型应用模式，引领推动了农业物联网应用发展。

随着信息技术的快速发展，大数据、人工智能、区块链等技术在农业领域的应用日益广泛，相关方面的研发应用主要集中在监测与预警、数据挖掘、智能规划、信息搜索与服务、信息溯源等方面。应当充分把握新一代信息技术发展的历史机遇，开展相关方面的研发创新，不断提升我国农业物联网发展水平。

第四节　农业物联网的主要应用场景

物联网是一个基于互联网、传统电信网和传感网等信息承载体，能够让所有物理对象通过信息传感设备与互联网连接起来，进行计算、处理和知识挖掘，建立智能化识别、控制、管理和决策的智能化网络。农业物联网是物联网技术在农业领域的应用，通过应用各类传感器设备和感知技术，采集农业生产、农产品流通以及农作物本体的相关信息，通过无线传感器网络、移动通信网和互联网进行信息传输，将获取的海量农业信息进行数据清洗、加工、融合、处理，最后通过智能化操作终端，实现农业产前、产中、产后的过程监控、科学决策和实时服务。国内外农业物联网技术应用的实践证明，农业物联网是改变农业、农民、农村的新力量，将会对我国农业现代化产生重大而深远的影响。近年来，我国高度重视农业物联网建设与应用，我国农业物联网实践应用已经取得初步成效，特别是在大田种植、果园种植、设施园艺、畜禽养殖、水产养殖等方面发挥着重要作用。

一、大田种植物联网

大田智能化生产建设主要针对传统农业劳动生产率低、生产投入大等问题，通过建立不同区域类型的精准农业处方决策模型，定位、定时、定量实施现代化农事操作技术与管理。在粮食作物优势区域，支持家庭农场、规模化农场、农业专业合作社、科技示范园区等农业生产经营主体，围绕小麦、玉米、水稻等主要粮食作物播种、施肥、施药、收获等生产环节，开展精准农业示范建设；开展大型农场精准生产研究，研发并熟化精平系统；开展农田作业机械导航定位与控制技术研究，研发并熟化农机导航与自动驾驶系统；开展播种机多参数智能化监控技术以及智能化播种控制技术研究，研发并熟化智能化精准播种监控系统；开展旱田和水田作物精准变量施肥控制技术研究，研发并熟化面向不同作物的精准变量施肥作业机具；开展旱田和水田作物精量施药控制技术研究，研发并熟化面向不同作物的精量施药作业机具；开展工厂化育苗研究，将现代生物技术、环境调控技术、施肥灌溉技术和信息管理技术贯穿种苗生产过程，实现种苗的规模化生产；根据区域地形地貌建立高标准农田电子地图档案，及时准确掌握每一块高标准农田地号、面积、方位等信息，为高标准农田科学化管理和信息化管理提供便利的条件。

二、果园种植物联网

果园种植物联网主要实现智能农业机械作业、节水灌溉智能管控、远程墒情监测、果树长势监测以及果园数字化管理。一是建设智慧果园综合服务中心。围绕苹果、梨、柑橘、桃、香蕉等果园生产过程中精准生产数字化管理和农机管理方面的应用，搭建综合信息服务平台；结合专家在线远程服务系统、水分养分管理决策系统、病虫害远程监测系统、作物估产系统等，实现对果园生产全过程的精准控制。二是构建天空地一体化智慧测控系统。配套建设墒情监测站、农业气象站、视频监控设备，实时监控温度、湿度、风速、风向、气压、降雨量、有效光照、土壤温度、土壤含水量等环境信息以及果树长势、病虫害等信息。三是果园精准作业系统。配套建设果园对靶精准喷药系统、水肥一体化智能灌溉控制系统、害虫自动监测装置、采后商品化处理系统等。

三、设施园艺物联网

设施种植智能化生产建设主要针对农产品质量下降、生产管理和作物病虫害防控等问题，综合运用先进传感技术、网络通信技术、信息处理与存储技术，将传感器、气象设备、视频云台、执行机构、监控中心、远程监控中心等集合成一体，有效提高农作物生产过程的管控能力和生产作业的精细化水平，达到生产环境精准调控、远程控制。设施种植通过使用传感设备控制温度、湿度、光照、喷灌量、通风等环境因子，采用温度传感器、湿度传感器、pH 传感器、光传感器、离子传感器、生物传感器、二氧化碳传感器等各种传感器，检测环境中的温度、相对湿度、pH、光照强度、土壤养分、二氧化碳浓度等物理量参数；通过各种仪器和仪表实时显示或作为自动控制的参变量参与到自动控制中，保证农作物有一个良好、适宜的生长环境。

建设基于设施种植用水管理设备、自动化灌溉设备、低成本无线宽带传输网络、智能决策服务技术和反馈控制技术装备等的设施农业物联网感知控制技术体系与业务应用系统，实现病虫害远程诊断、监控预警、指挥决策，水肥药一体化智能实施以及设施蔬菜质量安全监管与追溯等；建设设施园艺物联网综合应用服务平台，建立符合实际情况的设施园艺物联网应用技术体系和模式。

四、畜禽养殖物联网

畜禽养殖物联网主要针对畜禽养殖环境指标监测困难、手段落后等问题，利用物联网技术发展精细养殖，实现智能化变量饲养和畜舍环境调控。一是对畜禽个体监测，包括个体行为监测，用以获取畜禽行为信息，如对饲料的摄取数量、运动量等；对畜禽体征的监测，如获得畜禽体温分布、表皮外伤等信息。研究人员通过对获取的以上信息进行分析，从而对畜禽个体行为和健康状况进行监测，实现精准饲喂。二是对畜禽环境的在线监测，监测畜舍内温度、湿度、有害气体、噪声、光照、辐射、粉尘等信息。通过在畜舍内安装感知设备，对以上信息进行实时获取，实现闭环控制，从而将畜舍环境指标稳定在合适的范围内。

畜禽养殖物联网支持散户、大规模集约化养殖场等畜禽生产经营主体养殖主体，针对养殖场的温湿度、有害气体、粉尘、光照、噪声等环境信息监测指标进行技术应用，重点应用畜舍温湿度传感器、恶臭气体传感器、粉尘传感器、光辐射传感器、噪声传感器，建立畜舍环境参数监测站，利用无线传感器网络布设组成畜舍环境监测系统。针对动物群体体温、活动量、体重、取食量，选择典型规模化养殖场进行技术应用，重点应用群体动物体温监测系统、体征行为感知设备、采食计量设施装备等，利用无线传感器网络布设组成畜禽行为监测平台。

五、水产养殖物联网

水产养殖智能化生产建设主要针对健康养殖管理水平低、养殖风险大等问题，利用物联网技术发展水产精细养殖，实现对水产个体的全程追溯、养殖环境调控和水体环境的闭环控制。一是对水产个体的监测，主要对水产个体进行识别，从而实现针对水产个体的全程追溯，同时显现鱼群探测、鱼的体重等体征信息的监测。二是对水产养殖环境的监测和控制，对水体的溶解氧、温度、水深、pH 等指标进行实时监测，并通过无线网络将监测数据实时上传，便于管理者对水环境进行调控。三是智能控制，主要通过自动调控设备实现水体环境的闭环控制，达到水产生长的最佳状态，对水产进行自动投喂等。

支持农户、大规模水产养殖场等水产养殖主体，联合相关科研院所、大专院校，针对水产养殖中的水位、溶解氧、叶绿素、pH、浑浊度、水温等监测指标，选择典型的规模化养殖场进行技术应用。重点应用水位传感器、溶解氧传感器、叶绿素传感器、pH 传感器、浑浊度传感器、水温传感器，建立小型水体多参数自动监测站、移动式水质监测设备、自动投喂设备。

第五节　农业物联网相关技术

一、农业信息实时感知技术

农业信息实时感知是数字农业发展的关键环节，是满足农业复杂多变作业环境中实时监控的重要手段。农业信息实时感知技术主要包括精准空间定位技术，高光谱、超光谱、成像光谱等高空遥感载荷，通过近地遥感、高空探测、卫星遥感等传感手段获取土地利用和作物群体性状信息；近红外光谱、介电频谱等土壤化学信息获取的物理光学基础技术，实现高精度土壤含水量、土壤成分、空气质量、水质等信息的获取；动植物生命信息感知、生物特征识别、营养状态诊断等基础技术，实现植物的生长过程检测和连续监测；基于超声、生化、纳米技术的动物生命信息感知技术，实时获取动物的营养状况、生命力、体重、脂肪含量等参数；基于太赫兹（THz）、光谱、超声、阻抗频谱的农产品组分、品质信息获取技术，实现农产品安全快速检测与溯源。

二、农业大数据与云服务技术

农业数据是建设数字农业的基础和前提。大数据与云计算技术是实现数字农业的重要手段，是有效支撑农业生产增效、食品安全保障、育种技术创新、产业布局优化等的关键。农业大数据与云服务技术主要包括海量时空耦合农业数据并行存储技术，促进大数据和农业生产实现深入融合和良好衔接；蔬菜、果品、畜禽等生产经营大数据的在线智能分析与决策挖掘技术，实现农产品多源数据的在线汇聚与智能分析决策；基于云服务的生产经营数据服务个性化定制与推送技术，促进农产品产销对接；食品安全大数据智能服务共性支撑技术，实现食品安全大数据的智能获取、海量存储、高效挖掘分析和个性化服务推送，对可能存在的食品安全隐患及时预警。

三、农机精准作业技术

数字农业的发展需要精细化、自动化、智能化的精准作业技术装备提供技术支撑。农机精准作业技术主要包括农机定位与导航控制技术，农机行走机械智能测控技术和农机物联网技术，农机作业集群生产作业过程中作业量计量、作业位置、运行状态、工况信息等的实时感知技术，拖拉机、收获机等农机具协同作业智能控制关键技术和主从协同作业自动导航技术，农业复杂环境作物信息感知技术，农业环境下作物特征参数测量技术以及目标自动识别对靶智能高效施药技术等。

四、北斗卫星农业应用技术

北斗卫星农业应用技术是打破国外技术垄断，保障我国农业安全和信息安全的重要手段。其主要包括北斗位置信息与农机装备惯性姿态信息的多源数据融合技术，为农机装备导航提供高精度、稳定可靠的方位信息；农机装备路径跟踪识别、自动转向控制和通用作业控制等关键技术，实现基于北斗的农机装备自动驾驶控制系统；农机自动驾驶作业的定位及导航技术，满足面向变量作业、作业计量和收获测产等任务的需求。

五、农业航空信息技术

随着航空技术及数字信息技术的发展，农业航空信息技术已成为农业现代化的显著手段。其主要包括农业航空飞行平台相关的控制与导航技术，农用无人机飞行平台控制、导航、指挥、智能作业路径规划的自主核心技术，农业航空专用分析、检测仪器与装备的研发和制造等。

六、农业智能机器人技术

农业智能机器人技术是数字农业的制高点。其主要包括基于机器视觉的图像信息快速获取与生物信息模式识别技术，农田作业车辆自主导航和无人驾驶技术，农业机器人现场总线通信技术和机电液一体化控制技术，农业机器人作业过程在线检测、监视与诊断技术以及识别育苗、快速移栽、柔性嫁接、自动采摘、分级包装等智能技术。

七、农产品物流与电子商务技术

农产品物流与交易环节信息技术的应用，是实现农产品减损、增值和加快流通效率的关键。农产品物流与电子商务技术主要包括农产品智能电子标签、果蔬内外部品质快速无损检测、冷链物流技术与装备、农产品价格分析与预测、供应链协同管理与溯源等。

八、农业智能生产集成技术

通过农业智能生产感知传输、融合处理、分析决策、反馈控制的有效集成，能够充分发挥数字农业整体效能。农业智能生产集成技术主要包括大田种植育种信息化、智能催芽、大尺度农情监测、农机精准作业等集成技术，设施园艺环境监测、生理监测、智能控制、水肥一体化、病虫害预测预警、产品分级分选、植物工厂等集成技术，畜禽养殖环境监控、体征监测、精准饲喂、疫病防控、科学繁育、粪便无害化处理等集成技术，水产养殖水体监控、精准投喂、水产类病害监测预警等集成技术。

九、食品安全管理与溯源信息技术

利用信息技术实现农产品安全生产、加工、储运、消费等全程质量控制，能够有效解决舌尖上的安全问题。食品安全管理与溯源信息技术主要包括条码、二维码、射频识别、无线传感器网络、地理信息系统（Geographic Information System，GIS）、光谱等集成技术，农产品产地标识与防伪、农产品溯源信息快速采集、农产品储运信息实时监测、农产品交易过程信息快速获取和多平台溯源等技术。

十、农业灾害与突发事件应急处理信息技术

利用信息技术对农业灾害与突发事件的防控和应急处置，是保障农业生产安全的有效途径。农业灾害与突发事件应急处理信息技术主要包括基于物联网开展农业灾害与突发事件现场信息快速感知技术、多源信息快速无缝采集与传输技术、应急处置及协同指挥决策技术、处置过程远程监控与指挥调度技术，农业灾害和突发事件及环境背景信息采集与传输、应急处置决策分析和协同指挥技术等。

第二章　农业物联网产业发展现状

第一节　国内外农业物联网发展现状

一、农业物联网应用情况

物联网（Internet of Things，IoT）概念出现后，迅速得到很多国家的高度关注，被视为继计算机、互联网之后的第三次信息技术革命。1995年，比尔·盖茨在《未来之路》一书中最早提到物联网一词。1999年，美国麻省理工学院（Massachusetts Institute of Technology，MIT）凯文·阿什顿教授与他的同事们首先提出了物联网的概念。其主张通过信息传感设备将所有物体与互联网连接，实现全球范围内产品信息的管理与识别，形成物联网。2005年，国际电信联盟（ITU）扩展了物联网概念，提出了物联网发展愿景，即“无论何时、何地、何物，都能以无所不在的网络互联”。2008年年末，国际商用机器公司（IBM）提出了“智慧地球”概念，在铁路、公路等各种物体中嵌入感应器装备构成物联网，利用云计算、超级计算机整合物联网，最终实现系统与人类社会的整合。2009年，欧盟提出《欧盟物联网行动计划》；日本政府发布《i-Japan战略2015》。2016年，韩国颁布《物联网基础设施构建基本规划》。美国将这个新概念提升到国家经济复苏战略的高度，物联网和新能源振兴了经济，引起全球广泛关注。

我国高度重视物联网技术发展，将物联网作为国家战略性新兴产业的一项重要组成内容，采取了多项政策性措施全面推动其在各行业应用发展。2013年，国务院发布《关于推进物联网有序健康发展的指导意见》，启动实施包括顶层设计、标准制定、技术研发、应用推广、产业支撑、商业模式、安全保障、政策法规和人才培养等方面的9个物联网发展专项行动计划。农业是物联网重要的应用领域，物联网技术与农业生产、经营、管理、服务全产业链的深度融合，对改造传统农业、发展现代农业具有重要意义。

农业物联网是指通过农业信息感知设备，按照约定协议把农业系统中动植物生命体、环境要素、生产工具等物理部件和各种虚拟“物件”与互联网连接起来，进行信息交换和通信以实现对农业对象和过程智能化识别、定位、跟踪、监控和管理的一种网络。农业物联网产业链主要包括3个方面内容：传感设备、传输网络、应用服务。

在传感设备方面，发达国家从农作物的育苗、生产到收获、贮藏，传感器技术得到较为广泛的应用，包括温度传感器、湿度传感器、光照传感器和气体传感器等各种不同应用目标的农用传感器。在农业机械的试验、生产、制造过程中也广泛应用了传感器技术。射频识别广泛应用在农畜产品安全生产监控、动物识别与跟踪、农畜精细生产系统和农产品流通管理等方面，由此形成了自动识别技术与装备制造产业。2015年全球射频识别市场已经突破100亿美元大关，其中亚太地区一跃成为全球最大市场。美国大农场成为农业物联网技术应用的引领者，在发达的农业网络体系基础上，美国69.6%的农场采用传感器采集数据进行与农业有关的经营活动。

在传输网络方面，国外已在无线传感器网络领域初步推出相关产品并得到示范应用。如美国加利福尼亚州（简称加州）Grape Networks公司为加州中央谷地区的农业发展配置了“全球最大的无线传感器网络”；英特尔研究中心采用跟踪的方法采集了缅因州海岸大鸭岛上的生态环境。在国外，互联网与移动通信网络在农业领域得到广泛的应用。2010年前后，美国佐治亚州两个农场已经用上了与无线互联网配套的远距离视频系统和全球定位系统（Global Positioning System，GPS）定位技术，分别监控蔬菜的包装和灌溉系统。美国已建成世界最大的农业计算机网络系统。该系统覆盖美国国内46个州，用户通过计算机便可共享网络中的信息资源。

在应用服务方面，服务导向架构（Service Oriented Architecture，SOA）提出以来便受到IT界的热捧，产业化进程不断加快。2006年以来，IBM、BEA、甲骨文等一批软件厂商开发推出了一系列实施方案并部署了一些成功案例，使得SOA进入现实的脚步不断加快。同年，IBM的SOA全球方案中心在我国北京和印度普纳成立，定制各个行业的模块化SOA解决方案，并结合IBM服务咨询和软件力量全方位实施。这意味着IBM已经在SOA产业化方面抢先一步。BEA宣布推出“360度平台”以进一步巩固其在中间件领域的优势，而微软和甲骨文也纷纷发力中间件市场，竞争进一步加快SOA产业化进程。

农业物联网是我国农业现代化的重要技术支撑。为推动农业物联网技术的发展与推广，国务院及相关部门出台的相关政策都强调建设农业物联网应用示范工程的重要性，进行相关工作部署并制定了预期的量化指标。2016年10月，国务院印发《全国农业现代化规划（2016—2020年）》，这一文件着重强调了包括“智慧农业引领工程”在内的5项创新强农重大工程，对大田种植、畜禽养殖、渔业生产等进行物联网改造。建成10个农业物联网应用示范省、100个农业物联网应用示范区、1 000个农业物联网应用示范基地。工业和信息化部联合国家发展和改革委员会于2016年印发了《信息产业发展指南》，明确物联网作为九大发展重点之一，提出实施物联网重大应用示范工程，发展物联网开环应用，加快物联网技术与产业发展、民生服务等领域的深度融合。农业农村部联合相关部门，相继发布了《“互联网+”现代农业三年行动实施方案》《“十三五”全国农业农村信息化发展规划》等系列文件。形成了“互联网+”现代农业基本政策框架，对农业物联网工作进行部署，确立了包括“农业物联网区域试验工程”在内的8项重点工程，计划到2020年将农业物联网等信息技术应用比例从2015年的10.2%提高到17.0%。

2013年，农业部*启动农业物联网区域示范工作，围绕农业特色产业和重点领域，先后在天津、上海、安徽、吉林、江苏实施“农业物联网区域试验工程”，带动各省份启动实施了一系列农业物联网项目，坚持“边试验示范、边总结提炼”的方式，在全国范围内征集可复制、可推广的农业物联网应用模式。2014年，农业部集中展示与推介310项农业物联网技术、产品。2015年，农业部向社会集中发布了116项节本增效农业物联网应用模式。2016、2017年，农业部陆续总结推介果蔬种植、畜禽养殖等10种农业物联网应用多媒体宣传影片。为持续推动农业物联网区域试验示范工作，2018年，农业农村部于5月组织相关技术人员赴天津、上海、安徽、吉林、江苏5个省份农业物联网区域试验试点及部分农业物联网基地，开展农业物联网平台对接工作。同年，农业农村部按照国务院的部署，会同有关部门认真抓好贯彻落实，推进“互联网+”农产品出村进城工程，深入实施信息进村入户工程，组织全国农民手机应用技能培训，扩大农业物联网区域试验规模、范围和内容，建设重要农产品全产业链大数据，推进农业信息监测预警工作，促进农村一、二、三产业融合发展。2019年，农业农村信息化专家咨询委员会成立，《数字乡村发展战略纲要》《数字农业农村发展规划（2019—2025年）》等规划文件相继出台，《中国数字乡村发展报告（2019年）》《2019全国县域数字农业农村发展水平评价报告》等研究报告不断推出。2019年，《农业农村市场与信息化工作要点》将农业物联网列为数字农业农村建设的重点工程，为进一步推动农业物联网建设提供了重要的基础支撑、发展环境和支持政策。

农业物联网技术在农业生产、经营、管理和服务中扮演着越来越重要的角色，依据大田种植、设施园艺、畜禽养殖、水产养殖重大需求，形成典型的产业化应用，实践探索出一批技术应用模式。

---

* 2018年3月，根据第十三届全国人民代表大会第一次会议批准的《国务院机构改革方案》，将农业部职责整合，组建农业农村部。——编者注

二、农业物联网相关标准发展情况

农业物联网标准化建设是农业物联网关键技术集成和工程实施的重要环节和基础，是规范农业物联网应用系统建设的依据。物联网的标准化将成为占领物联网制高点的关键之一。做好农业信息化标准化工作，以统一的标准和规范为基础，可以有效降低农业信息资源开发成本，大幅提升农业信息资源开发和应用效率，更好地实现信息互通、资源共享。

许多国家和地区在发展物联网技术和应用的同时，尤为重视相关标准的制定。一些组织如国际标准化组织（ISO）、国际电信联盟（ITU）、国际电气与电子工程师协会（IEEE）等，已经开始对物联网相关标准进行研究和部署，我国的相关标准化组织也积极参与其中。2016 年，农业部成立农业信息化标准化技术委员会，形成了农业信息化标准体系框架，并将农业物联网作为重要建设内容，系统推进农业物联网标准化体系建设。总体上，在农业物联网标准化方面，我国虽有很多传感器、传感网、射频识别研究中心及产业基地都在积极参与建立物联网标准，但由于对物联网本身的认识还不统一，有些认识还停留在战略性粗线条层面，物联网标准制定进程缓慢。

在感知设备方面，早在 1994 年 3 月，美国国家标准与技术研究院（NIST）和国际电气与电子工程师协会（IEEE）共同组织了一次关于制定智能传感器接口和连接网络通用标准的研讨会，讨论 IEEE1451 传感器/执行器智能变送器接口标准。关于射频识别标准的制定方面，其争夺的核心主要在射频识别标签的数据内容编码标准领域。目前，形成了五大标准组织，分别代表不同团体或者国家利益。EPCGlobal 由美国统一代码委员会（UCC）和欧洲物品编码协会（EAN）联合成立，在全球拥有上百家成员，得到了零售巨头沃尔玛，医药保健巨头强生和日化巨头宝洁等跨国公司的支持。而 AIM、ISO、UID 代表了欧美国家和日本，IP-X 的成员则以非洲、大洋洲、亚洲国家为主。

在传输网络方面，2006 年 9 月 27 日，ZigBee 联盟宣布 ZigBee 标准的增强版本完成并可以供成员使用。ZigBee 联盟已经吸引了分布在六大洲 26 个国家超过 200 个成员公司的支持。IEEE 制定的 IEEE802 涵盖了互联网和移动通信网络方面的标准，主要包括无线通信领域的 802.11 系列无线局域网标准、802.15 无线局域网标准、802.16 宽带无线接入（无线城域网）标准和有线接入领域的 802.3 以太网标准。

在应用服务方面，物联网标准的关键主要是基于软件和中间件的数据交换和处理标准，即物物相连的数据表达、交换和处理标准，首先需要定义一批 XML 数据表达与接口标准，然后开发出支撑这个标准的配套运行环境和中间件业务框架，使用户能够快速开发出垂直应用业务系统，让标准落到实处，推动产业高速发展。微软、IBM、苹果等公司均建立了物联网应用服务的多种标准，有些已经占据了垄断地位。

我国农业信息化标准建设目前处于起步阶段。农业农村部充分认识到标准化在农业信息化建设方面所发挥的不可忽视的作用，已经组织开展了相关研究。“金农工程”制定的技术、工作与管理标准共计 32 个，为“金农工程”的标准化工作奠定了良好的基础，也为其他农业信息化工作提供了良好的借鉴。中国农业科学院农业信息研究所 2005 年起，在农业部市场与经济信息司的指导下开始农业信息化标准体系的研究。其对农业信息化标准体系框架构建方法进行了较为深入的研究，构建了农业信息化标准体系框架。目前，农业农村部正在组织专家研究与制定农业科技信息核心元数据标准、农业信息化通用术语标准、农村信息服务站建设规范以及农业物联网标准等相关标准及规范。国家农业信息化工程技术研究中心在国家“863”计划数字农业专项和北京市自然科学基金项目的支持下，积极组织专家学者以数字农业和信息标准化为主线，先后编写了专著《数字农业信息标准研究：作物卷》和《数字农业信息标准研究：畜牧卷》，对推动我国农业信息资源数据的标准化、数字化和信息共享发挥了重要作用。

我国政府高度重视农业物联网标准的研究与制订工作。2011 年以来，我国成立了农业物联网行业应用标准工作组和农业应用研究项目组，搭建了农业物联网标准体系框架。2014 年 9 月 11 日，农业部市场与经济信息司组织召开了农业物联网国家标准制修订项目启动会，启动实施了 13 项国家标准的制定工作，具体包括：《大田种植物联网数据传输标准》《大田种植物联网数据交换标准》《大田种植物联网终端设备技术标准》《农机物联网数据传输与交换标准》《农业物联网应用服务标准》《设施农业物联网传感设备基础规范》《设施农业物联网调节》《控制设备规范》《设施农业物联网感知数据传输技术标准》《设施农业物联网感知数据描述标准》《畜禽、水产养殖传感设备技术基础规范》《畜禽、水产养殖感知数据分析标准》《畜禽、水产养殖感知信息传输网络建设规范》和《畜禽、水产养殖环境无线控制装备与技术标准》，根据工作组结构和任务分工分别设立了“大田种植”“设施农业”“养殖业”3 个项目组开展工作。

另外，《农业物联网名词术语标准》《农业物联网应用服务标准》《农业物联网硬件接口规范》《农业物联网数据术语》《农业物联网编码》《农业物联网平台基础数据元》《农业物联网平台基础代码集》《农业物联网平台基础数据采集规范》《农业物联网应用测试规范》《农业物联网电工电子产品通用技术要求》《设施农业物联网传感设备基础规范》《设施农业物联网调节》《控制设备规范》《设施农业物联网感知数据传输技术标准》《设施农业物联网感知数据描述标准》等 14 项标准，逐步开展了起草立项编制工作。

三、农业物联网发展中的一些经验做法

当前，随着物联网技术的不断发展，其应用领域也不断扩展。农业物联网作为物联网技术的重要发展方向之一，对农业生产的革新起到了至关重要的作用。我国正处于由传统农业向现代农业转型

的关键时期，政府十分重视农业物联网的发展，围绕农业物联网的发展进行了有益的探索和实践，积累了一些经验。

（一）推进农业物联网发展政策、管理机制建设

农业物联网建设仍然以国家和地方政府投入和补贴为主，企业参与农业物联网建设为辅，产业链和新型商业模式不够明确。农业物联网在顶层设计、产业化发展、公共服务提供和安全管理方面还有较大提升空间，迫切需要政府加大扶持力度，建立并完善农业物联网快速发展的政策环境，刺激消费需求，引导民间资本进入，形成可持续发展机制，培育成熟的商业化应用模式。充分发挥市场机制，积极探索引入市场运营主体和多元化渠道以及内容资源服务商，建立良性运行机制，增强农业物联网企业自主发展能力。

（二）落实国家层面的农业物联网产业行业标准

随着农业物联网产业发展，各种农业物联网系统层出不穷。由于缺乏对农业物联网系统层次结构的分析，当前各农业物联网应用呈现出碎片化、垂直化、异构化等问题。如何从农业物联网各种应用需求中统一抽取出系统组成部件及其组织关系，形成农业物联网体系结构，实现农业物联网设计与实现方法的统一是当前急需解决的问题，尤其是在传感器网络接口、标识、安全、传感网络与通信网融合、农业物联网体系架构等方面，我国缺乏产业、行业内的统一标准和规范。应用示范的农业物联网产品大多采用各自的内部标准，产品之间难以充分衔接，形成大量信息孤岛，给设备间互联互通和后期维护带来很大不便。国家层面的行业标准仍未形成，是制约当前农业物联网发展的重要因素，针对这一情况，应进一步加快国家层面农业物联网产业、行业标准体系建设。

（三）加大新一代农业物联网关键技术和装备研发力度

当前，随着智能农业、智慧农业的发展，以大数据、人工智能、区块链等为代表的新一代信息技术在各生产流通领域正在发挥

日益重要的作用，然而在农业物联网中的应用仍处于初级阶段，农业物联网感知智能信息处理、智能机器人等关键技术和装备需要加大研发投入力度。针对农业生产特点，需要开展联合攻关和科研创新，研发精度满足要求、成本可接受、可靠性高、耐用性持久的专用农业物联网传感器、智能信息处理芯片、移动通信和基于大数据的智能系统，力争在农业传感器网络、智能化农业信息处理、分析预警模型等一批重大共性关键技术方面取得突破。逐步建立与农业物联网发展布局相衔接的科研创新、成果转化项目投入机制，提升农业物联网新技术、新产品、新模式和系统解决方案的集成研发能力和水平。

（四）进一步完善农业物联网基础设施建设

由于农业生产利润较低，农业物联网传感器等设备以及相应的软件系统投入较大，投入产出效益不高是今后大规模推广物联网技术面临的首要问题。由于农业物联网对网络通信在带宽、并发量、传输速度、响应速度等方面要求较高，尽管试验示范区均取得了良好的试验示范效果，但在全国范围内基础设施建设仍然薄弱。5G网络通信设备安装使用、数据流量费用、后期运行维护，都需要电信网络部门基础设施建设的支持，迫切需要进一步加大基础设施建设投入力度。应进一步加快推动农业物联网相关产品和装备纳入农机购置补贴目录进程，以此鼓励农业信息化企业、电信运营商、科研院所等社会力量投入农业物联网建设，逐步实现政府引导下的投资主体多元化、运行维护市场化，合力推进农业物联网发展。

（五）深入挖掘农业物联网数据应用模式

当前农业物联网在感知环节已经取得很大进展，能够获取农业生产环境、生产状态等海量数据。然而随着数据的大量增加，当前农业物联网系统存在垂直化、封闭化现象导致不同系统之间农业数据资源无法共享，农业生产、经营、管理、服务历史数据无法得到充分利用。农业物联网大数据融合了农业地域性、季节性、多样性、周期性等特征，具有来源广泛、类型多样、结构复杂等特点，难以应用通常方法处理和分析。如何有效利用农业物联网数据，实现数据共享机制、深层次问题发掘、有效信息提取等环节的突破，成为农业物联网发展所面临的重要问题。因此，需要研发针对农业物联网数据的智能信息处理技术和软硬件工具，进一步深入挖掘农业物联网数据应用模式，以大数据平台助力农业资源利用，以数字化工具挖掘农业生产潜力，以信息分析推进农业生产智能化。

（六）加强一线产业化应用推广力度

在国家和地方政府大力支持下，充分利用市场和企业资源，各地物联网体系建设均得到很大程度的发展。然而农业物联网一线产业化应用推广力度仍需加强，在充分利用现有信息服务平台、公共通信和网络基础设施的基础上，加快构建国家层面的农业物联网云平台。中央平台和各试点省份农业物联网平台一起构成国家农业物联网云平台体系，并将数据汇聚一起构成农业大数据中心，可以大幅降低农业物联网研发、应用、推广成本，为政府决策、科研创新和市场主体生产经营活动提供服务。建立信息管理员队伍，开展平台宣传推介和应用培训，分层级开展信息管理员的培训和指导工作，提升农村信息综合服务能力。开放深化信息资源共享，进一步强化凸显数据价值。

（七）加强对涉农人员农业信息科技的教育

日本、英国等国家在推动农业物联网发展过程中，都涉及对相关人员进行农业信息科技方面的教育。加强对涉农人员农业信息科技的教育不仅有利于涉农人员事先对农业物联网技术进行评估，提高他们应用先进信息技术的积极性，而且有利于他们在具体应用农业物联网技术时能够得心应手，从而推动农业物联网技术的传播。

第二节　农业物联网技术研究应用情况

一、环境和动植物信息监测

环境和动植物信息监测技术运用各类传感器，射频识别、视觉采集终端等感知设备，广泛采集大田种植、设施园艺、畜禽养殖、水产养殖等领域的现场信息，为农业生产、管理决策提供了数据支撑。经过近二三十年的发展，我国已开发作物长势、作物营养、土壤参数、低成本环境信息采集、动物群体发热型疫情监测等一批监测与诊断设备，实现了农业生物与环境信息的实时获取与解析，初步构建了面向农业资源与生态环境的监测系统。

（一）农业环境监测

在农业环境信息实时感知方面，光、温、水、气、热等方面的环境信息感知技术比较成熟。利用电化学技术、光学检测技术、近红外光谱分析技术、多孔介质介电特性、微流控技术、微小信号检测技术等现代检测理论和方法，研究开发了土壤养分与水分、土壤理化特性等农田环境和生物信息的快速采集技术、智能化信息处理技术。2013 年，农业部启动农业物联网区域试验工程，极大地推动了农业物联网产业健康有序发展，该工程选择有一定基础的天津、上海、安徽 3 个省份率先开展试点试验工作。天津市作为现代都市型农业的典型区域，围绕设施农业与水产养殖，积极开展了一系列农业物联网区域试验，在生命信息感知、病虫害识别预警、智能控制等关键技术的研发应用方面取得显著成效。试点试验工作研发了日光温室、工厂化养殖小区的传感器技术，构建了黄瓜生命感知、辅助育种和病虫害预警 3 个系统；研究建成了具备投喂、增氧、给排水等远程遥控功能的水产养殖自动化控制系统，实现了 25 个基地的传感数据在线采集和 16 个基地的视频接入，平台整体达国际先进水平。

（二）动植物生命体信息实时感知

在动植物生命体信息实时感知方面，我国对植物生理信息采集的研究主要包括表观信息（如作物生长发育状况等可视物理信息）的获取和内在信息（如叶片及冠层温度、叶水势、叶绿素含量、养分状况等借助外部手段获取的物理和化学信息）的获取。对植物生理信息的检测主要集中在植物电信号分析技术、机器视觉和图像处理技术、光谱分析及遥感技术、叶绿素荧光分析检测技术等。随着光谱技术的不断发展，越来越新的光谱技术被应用到作物生长信息监测领域，如近红外技术、多光谱技术、高光谱技术等。为了对研究对象进行更好的分析处理，图像分析技术与光谱分析技术相结合的光谱成像技术也开始得到应用，如高光谱成像技术和多光谱成像技术等。2015 年，周敬东等人研制的油茶果色选机，采用高清图像传感器 CCD 相机对下落的油茶果果壳与籽进行图像采集，并通过色选机进行分选，实现果壳与籽的95％选净率。颜廷才等人借助电子鼻技术对不同品种葡萄果实的挥发性物质进行主成分分析，成功检测出不同葡萄品种。2019 年，杨贵军等人基于多旋翼无人机平台，集成高清数码相机、多光谱仪、热像仪等多载荷传感器，高通量获取作物倒伏面积、叶面积指数、产量及冠层温度等育种关键表型参量，为研究小麦育种基因型与表型关联规律提供辅助支持，系统操控简便，适合农田复杂环境条件作业。

以植物—环境信息快速感知与物联网实时监控技术及装备的研发为例，浙江大学等单位在植物养分以及生理和病害信息快速感知技术与设备方面取得创新性成果，提出了从作物叶片、个体、群体 3 个尺度开展生命信息快速获取方法研究的新思路，自主研制了便携式植物养分无损快速测定仪和植物生理生态信息监测系统，开发了作物典型病害侵入和感病初期的早期快速诊断系统，提高了作物信息智能感知技术的在线监测水平和环境适应能力。

在土壤水、盐、养分特性等指标的快速测试技术与设备方面，浙江大学等单位研发了土壤多维水分快速测量仪和不同监测尺度的墒情监测网，发明了非侵入式快速获取土壤三维剖面盐分连续分布的方法与装置，建立了全国土壤光谱库的土壤有机质和氮素光谱预测模型，研发了土壤养分野外光谱快速测试技术与仪器，实现了土壤水、盐、养分特性快速多维准确测试。

浙江大学等单位研发了植物生长智能化管理协同控制和实时监控系统，研发了基于物联网工厂化的水稻育秧催芽智能调控装备和设施果蔬质量安全控制管理系统，实现了基于实测信息和满足植物生长需求的水、肥、药等物联网精准管理和温室协同智能调控。

二、动植物生长模型

动植物生长模型是指动植物个体生长发育模型，是其在生长过程中的外观表现。

（一）动物生长模型

动物生长模型与生长发育、体重、品种、饲料、饮水、环境之间存在密切关系，可以通过分析动物生长模型来判断动物的健康状态。动物生长模型中的一个重要因素是动物体型，传统的动物体型测量方法是利用测量工作，通过人工的方式对动物的体型参数进行测量记录。这种方法需要与动物进行密切接触，很容易造成人畜的交叉感染，同时也会使动物产生应激性。随着计算机视觉技术与三维图像技术在畜牧信息化中的发展，研究人员通过实时拍摄、计算机获取和分析处理视频图像，借助深度图像分析方法对采集得到的动物视觉内容进行三维形态重建、特征检测，搭建动物三维形态测量系统。研究人员通过多角度深度传感器探测获取目标物体表面形态，并重构三维点云，进行主要的参数的计算、测量和分析，实现非接触式的动物胸围、体长、背高、腰高等形态指标参数自动测量，最终对动物体重进行有效评估计算，从而可以监测动物的生长，也有助于研究动物的行为。与传统方法相比，利用视觉技术进行动物体型评估的优点为：

第一，视觉技术可以采集连续的一段动物生长视频内容。从这些视频中，可以连续监测动物的体重，测量其个体形态是否满足其生长发育的要求。

第二，连续的体型监测能够直观、精准地反映动物饲喂、环境与行为变化之间的关系，为精准饲喂提供依据。

第三，动物体型的视觉评估，可以给出观测动物的生长率，更好地调节饲料配方、营养结构，判断动物是否健康，为日后选种、育肥以及屠宰提供辅助决策。

很多研究者在基于计算机视觉的动物体型评估方面进行了相关研究，对动物形态参数测量及重量进行估测。Deshazer 用图像处理技术对猪体重进行了估计，分析对比了传统测量方法与视觉方法的不同，说明了视觉技术用于体况评估的优越性。Schofield 也以猪体重估计为实例，对比了传统测量猪体重方法的弊端，并分析了猪体尺与体重之间的相关性，从猪的俯视图和侧视图中计算出二维特征与体重之间的关系模型。1993 年，Schofield 利用上述技术开发出实验室条件下的猪体重测量系统，可以通过分析猪的平面投影面积，并结合猪饮水间隔与频率，自动计算猪的体重，实验误差不超过 5%。日本学者 Minagawa 对 33 头猪在密闭环境进行体重分析实验，采用图像处理技术分析投影面积与体尺参数的关系模型。1999 年，Schofield 利用视觉技术，对比分析了 3 种不同的猪所对应的投影面积与体重的关系。同年，Marchant J. A. 和 Schofield 选取了 20 头猪，计算不包括猪头部在内的身体投影面积、腹宽、臀宽等参数，并计算这些指标与体重之间的关系。实验结果表明，投影面积与体重之间存在线性关系，臀宽除了与体重具有相关性，同时还受到猪性别和品种的影响。在此基础上，Marchant J. A. 和 Schofield 开发了一套猪体重监测系统，将采食量、温度、通风量和空气质量融合，并分析这些指标与性别、年龄、遗传和生长目标之间的关系，用来监测猪的生长和行为。Minagawa 通过设置饮水装置，分析摄像机采集到的图像信息，测量投影面积计算猪的体高，获得猪的体重，相对误差在 2.1%以内。C. T. Whittemore 估算了 3 个品种猪的体重和投影面积的关系式，分析性别对体重评估的影响与误差。

除了对猪体况进行监测以外，国外很多学者还利用视觉技术对鱼的形态参数进行估计。Toni A. B. 和 Petrell 等利用摄像机拍摄鱼的图像，并对鱼鼻、尾、背鳍、腹鳍等进行人工标记，计算鱼的身体特征几何尺寸与鱼的重量之间的关系。Kato 等利用双摄像机，获得一系列鱼的图像，并识别鱼的轮廓边界来评估鱼的重量，实验结果表明鱼的体重估算误差小于 10%。Carlos A. 等研究了温度对幼鱼生长的影响，利用视觉技术评估幼鱼长度并估算重量，实验结果显示，鱼体长平均误差为 0.16%，重量的平均误差为 2.05%。

（二）植物生长模型

利用计算机视觉技术对植物生长模型进行监测，可以有效获取植物的叶面积、茎秆直径、叶柄夹角等生长参数。同时可以根据植物外观长势、叶片与果实颜色判断其水、肥以及病害等情况。目前国内外许多研究者已经在基于视觉技术的作物生长分析方面开展了研究，取得了显著的成果。

Tmoien T. P. 等人利用图像处理方法，从 3 个角度分别采集马铃薯叶片图像，并计算叶片面积，比较准确地获得马铃薯叶片面积的数值。Shimizu H. 等人融合视觉技术与近红外技术，获得植物三维生长信息，计算作物茎秆长度与生长率，分辨精度达到了 0.025 mm，为植物生长的光照条件提供了理论依据。Ahmad I. S. 等分析玉米植株图像数据，获得玉米生长缺水缺氮对植株颜色特征造成的影响，建立颜色与植株叶片分类之间的关系模型，为玉米灌溉与氮肥施用提供决策支撑。荷兰瓦格宁根大学 VanHenten E. J. 对莴苣叶片图像进行分析，研究了叶面积与植物干重之间的关系模型，为预测植物干重与湿重提供理论依据。Ling P. P. 等利用机器视觉技术分析咖啡胚芽不同生育期的胚芽体细胞生命活力，预测发芽率的精度为61.5%～85.1%。

三、精准农业技术与装备

精准农业的概念是20世纪80年代末期提出的，也有研究人员将其称为精细农业或精确农业。一般而言，精准农业是以信息技术为支撑，根据农业生产环境和农作物的时间、空间差异，定位、定时、定量地实施一整套现代化农事操作与管理的系统，是信息技术与农业生产全面结合的一种新型农业。近年来，精准农业在大田作物种植、果园种植、设施园艺作物种植以及畜禽水产养殖方面得到广泛应用和发展。学术界、产业界研发出一系列精准农业技术装备和综合集成的高科技农业应用系统。发展精准农业能有效缓解农业生产面临的严重资源环境压力。精准农业相关技术能够为农民增收、农业增效提供技术支撑，精准农业能够促进现代农业生产装备技术的快速发展，实施精准农业将全面带动我国现代农业的发展。

精准农业早期在美国、欧洲、日本、以色列等经济发达国家和地区起源、发展，20世纪90年代在我国也得到初步发展，是一种基于信息和知识管理的现代农业生产系统。其基本原理是根据不同作物的生长特性、作物生长的土壤性状，调节对作物的投入。精准农业一方面查清田块内部的土壤性状与生产力空间变异，另一方面确定不同农作物的生产目标，进行定时、定位的“系统诊断、优化配方、技术组装、科学管理”。精准农业调动土壤生产力，以最少的或最节省的投入达到与传统农业同等或更高的收入，并改善环境，高效地利用各类农业资源，取得经济效益和环境效益。精准农业按照田间每一块操作单元上的具体条件，更好地利用耕地资源潜力、科学合理利用物资投入，以提高农作物产量和品质、降低生产成本、减少农业活动带来的污染和提升环境质量。精准农业相对于传统农业的最大特点是：以高新技术投入和科学管理换取对自然资源的最大节约和对农业产出的最大索取。这一特点主要体现在农业生产手段之精新，农业资源投入之精省，农业生产过程运作和管理之精准，农用土壤之精培，农业产出之优质、高效、低耗。精准农业的组成系统一般包括：全球定位系统，用于信息获取和实施的准确定位，它的定位精度高，根据不同的目的可自由选择不同的精度。农田地理信息系统，它是构成农作物精准管理空间信息数据库的有力工具，田间信息通过地理信息系统予以表达和处理，是精准农业实施的重要手段。精准农业还包括农田信息采集系统、农田遥感监测系统、农业专家系统、智能化农机具系统、环境监测系统、系统集成、网络化管理系统和培训系统等。精准农业是采用3S（GPS——全球定位系统、GIS——地理信息系统和RS——遥感）等高新技术与现代农业技术相结合，对农资、农作物实施精确定时、定位、定量控制的现代化农业生产技术。精准农业不仅能够最大限度地提高农业生产力，还可以最大限度地保护生态环境，节约化肥、农药等农业生产资源的投入，是实现优质、高产、低耗和环保的农业可持续发展的有效途径。

近20年来，我国精准农业技术与装备的研发快速推进，主要围绕农田信息获取、智能分析决策和田间精准作业等关键环节，包括相关理论方法研究、技术产品开发和应用示范推广等方面，并根据我国农业特点，在应用实践中形成精准农业因地制宜的技术应用模式和高效灵活的技术推广模式。

（一）精准农业信息获取与解析的技术与装备

精准农业信息获取包括农田信息、环境信息、作物长势信息的获取与感知，信息获取方式主要以人工手持设备测量、天空地遥感、机载设备及物联网传感器等为主。其中，人工手持设备测量可以测量作物植株个体和群体冠层的形态参数、生理参数、状态参数等，如使用冠层分析仪测量作物叶面积指数、分析作物叶片叶绿素含量、分析土壤氮素含量，采用土壤样品自动化采集系统、便携式农田信息调查系统、便携式归一化植被指数测量仪、作物冠层色素比值诊断仪、作物病虫害信息采集系统等。遥感影像包括高空和低空等不同距离的设备采集区域及地块尺度的遥感影像，通过一系列反演算法间接测量地块尺度、区域尺度的农田信息。机载设备及物联网传感器主要实现地块信息、农田环境信息、农机作业信息的自动采集和记录，将采集和记录的信息作为精准农业实施的重要数据支撑。

1. 冠层形态结构生理信息测量

作物冠层形态结构数据的测量主要目的是采集作物长势的精确数据，包括使用数字化仪、扫描仪、机器视觉系统和田间表型信息采集系统。形态数据的采集与解析、田间数字化数据获取：使用三维数字化仪在实验室内进行精细数字化，采集玉米叶片上特征点，包括叶缘曲线褶皱等。图 2-1 为玉米叶片数字化数据获取，特征点经处理可作为叶片模板。实施过程中，沿玉米叶脉曲线的方向，每排选取 5 个特征点，共选取 13～20 排，以涵盖玉米叶片褶皱特征，使用数字化仪模板可采用参数曲面建模的方法构建叶片模型。同时，使用三维激光扫描仪对玉米叶片进行扫描，如图 2-1 所示，可以获取玉米叶片的精细点云模型，经三角网格化可生成玉米叶片的三维模型，网格模型可通过特定的控制变形实现模型重建。

图 2-1　玉米叶片数字化数据获取

使用作物冠层分析仪等设备采集分析叶面积指数等指标（图 2-2）。如图所示，采集小麦冠层光合有效辐射（PAR）及叶面积指数数据，利用作物冠层分析仪获取小麦种植小区冠层 PAR，按照每 20cm 高度为间隔获取一组数据，进行数据存储。

图 2-2　作物冠层分析仪

建设作物表型数据获取物联网系统。建立作物表型数据获取物联网系统（图 2-3），该系统采用网络通信技术，利用传感器、网络相机、无线通信组件以及服务器等设备，建立作物生长表型数据定时检测获取系统。作物表型数据获取物联网系统结构如图 2-4 所示，该系统采用传感器物理层、网络通信层、服务器层三层架构。

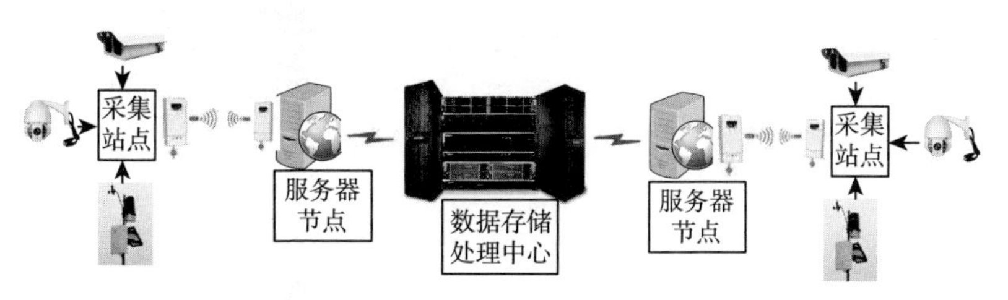

图 2-3　作物表型数据获取物联网系统拓扑图

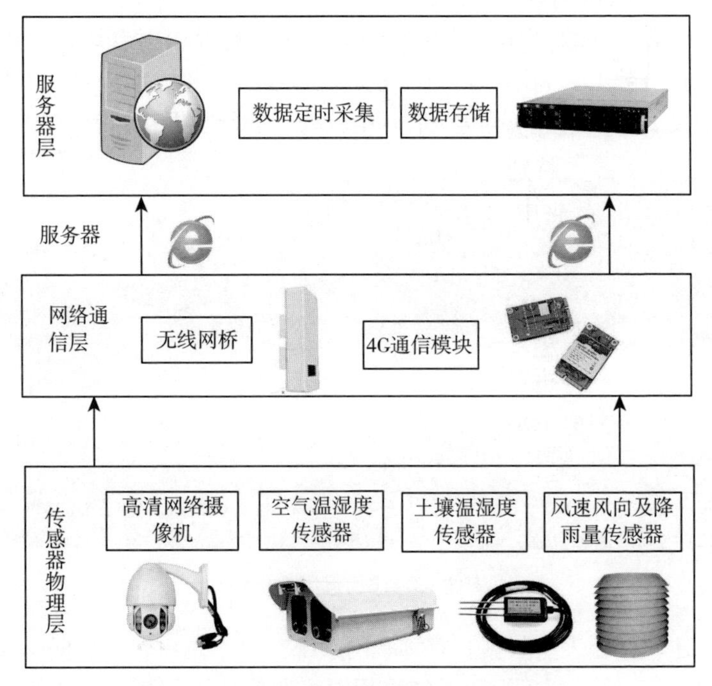

图 2-4 作物表型数据获取物联网系统结构

作物表型数据获取物联网系统的传感器物理层包括双目立体视觉摄像机、空气温湿度传感器、土壤温湿度传感器、风速风向及降雨量传感器等设备。其中网络摄像机采用 220 V 供电，环境传感器由太阳能电磁板供电。网络通信层：根据不同的基础设施条件，采用网络直连和无线网桥接入以及 4G 传输等模式，进行传感器采集端数据和服务器的网络通信。其中，网络摄像机由于获取的图像较大，占用较多网络资源，采用成对的无线网桥，实现摄像机和服务器节点的无线桥接。环境传感器采用 4G 模块，使用流量卡实现环境传感器和服务器节点的网络连接，在服务器节点上部署数据定时采集系统，实现数据的定时采集，同步各个采集站点数据，通过宽带网络，汇集到数据存储处理中心服务器，由数据存储处理中心服务器管理各监测站点的数据及物联网设备。

2. 遥感信息获取

遥感以其独特的信息获取优势正逐渐成为农田信息获取的主要手段。一方面，用遥感获取土壤和植物参数已经比较普遍，遥感数据属于面数据，可覆盖整个农田，不像常规的采样分析手段所获取的只是点数据，特别是随着卫星遥感空间分辨率的提高，卫星遥感技术在精准农业中的作用应该会越来越大。例如 Okamoto 等（1990）和 Hatanaka 等（1995）用陆地卫星的图像推断土壤有机质含量和土壤持水量。快鸟卫星空间分辨率达到 0.61 m，重访周期为 1～3.5 d，航空遥感可以获取满足精准农业需要的高空间分辨率遥感信息是毋庸置疑的。另一方面，如果没有气候的影响，具有很大灵活性的航空遥感可以获取任意时间的农田信息（图 2－5）。由此看来，随着遥感技术的发展，遥感影像的空间分辨率和获取信息的周期基本上不再是遥感技术应用的限制性因素。虽然多雨气候对遥感信息的获取影响较大，但微波遥感的发展成为多雨气候条件下农田信息获取的重要补充手段。高光谱遥感是遥感发展的一个重要趋势，高光谱遥感以其高光谱分辨率特性所携带的丰富光谱信息为遥感应用带来了强大的活力。国内外许多学者已经涉足高光谱遥感在植被生物物理信息和生物化学信息提取方面的研究。2001—2002年，国家农业信息化工程技术研究中心联合中国科学院遥感应用研究所利用具有 128 个波段的实用型模块化成像光谱仪（Operative Modular Imaging Spectrometer，OMIS）和具有 244 个波段的推帚式超光谱成像仪（Push-broom Hyperspectral Imager，PHI）在北京小汤山国家精准农业示范基地进行了农业遥感试验。并在农作物冠层生化参数反演研究方面取得一定的进展，也进一步证明了高光谱遥感在农田信息提取中的巨大前景。然而，目前国内外遥感信息在农业中的应用，大部分停留在从光谱信息反演作物冠层生化参数这一步。美国俄克拉何马州立大学研制了从遥感数据生成施肥处方的优化算法，这是遥感信息应用的一个重大进步。在近地面测量地物吸收和反射光谱的地物光谱仪（如美国的 ASD FieldSpec）是田间低成本间接测定作物养分和生化参数的一个工具，在卫星和航空遥感技术进一步发展和成熟前，正在被发展为高密度获取农田信息的技术手段。

图 2-5　农业遥感信息获取示意图

目前，阻碍遥感技术应用的主要因素是专业化的设备标定、提取农田信息的主观性和反映农田信息的间接性、遥感信息处理对终端用户的限制性、信息获取的滞后性、信息分析处理方法等。在美国，越来越多的商业公司提供航空遥感服务，收集可见和近红外光谱，分辨率达 0.3～1.0 m，在 24h 内提供分析结果。如果航空遥感能与商业民航飞行相结合，航空遥感的成本有望大幅度下降。

基于遥感影像的农田信息采集、反演与解析的典型应用是作物氮素测量。作物氮素的测量方法包括直接测量和间接测量。直接测量法就是在田间进行破坏性取样，然后测量作物氮素含量，这种方法费时费力，只适合小范围的试验研究。间接测量法就是运用定量遥感的方法对氮素进行反演，适合大范围的试验研究，可以快速准确地了解作物营养生长情况。卫星影像数据由于重访周期限制以及空间分辨率较低的原因，一定程度上影响了其在田块尺度精准农业发展中的应用价值。而且，由于卫星固定过境时间的不确定性因素（如多云或阴天等天气条件）造成的数据质量问题，往往会导致研究区关键物候期数据匮乏。近年来随着无人机技术的快速发展，基于无人机平台的地表遥感探测技术已经具备了一定的基础，特别是在田块尺度的精准农业发展方面，无人机遥感监测体现出独特的技术优势。国内外许多学者都围绕无人机精准农业遥感平台开展了一些研究，并且取得了显著的成果。

目前，无人机遥感技术在农作物监测应用方面的研究，主要集中在作物生物量、叶面积指数（LAI）和氮素等参数的遥感反演，且多以无人机数码影像为主（图 2-6）。但数码影像只有红、绿、蓝 3 个波段，包含信息量较少。近年来，随着民用微小型无人机探测技术的发展，应用无人机平台搭载具有多波段探测信息的多光谱或高光谱传感器监测农田作物信息，逐步成为精准农业发展的新趋势。然而由于高光谱成像技术的相对复杂性，在无人机搭载高光谱传感器飞行过程中往往受飞行物理条件（如螺旋桨震动）的影响较大，导致后续高光谱影像处理复杂甚至困难，难以获得较为满意的拼接影像，一定程度上限制了小型无人机高光谱传感器探测的应用。而无人机搭载多光谱传感器进行遥感监测的技术相对成熟，多光谱影像一般含有红、绿、近红和红边 4 个波段，相较于无人机数码影像的红、绿、蓝 3 个波段，它包含了更多更丰富的信息量。因此，无人机多光谱影像在农业遥感方面的应用更具有一定的优势。当前，利用无人机探测技术监测玉米农学参数的应用多以数码影像为主，以无人机多光谱影像开展玉米氮素营养监测的应用相对较少。刘昌华等利用无人机多光谱影像，通过筛选关键生育期最优光谱变量进行建模，对冬小麦氮素营养进行了有效诊断。秦占飞等利用无人机高光谱影像，以比值植被指数（RVI）为光谱变量，实现了对水稻叶片氮素含量的有效估测。二者都是挑选最优光谱变量进行建模，虽然模型精度较高，但是利用单一光谱变量进行建模存在一定的饱和性，而且相关研究多以冬小麦和水稻作物为主，开展玉米作物氮素估测研究相对较少。

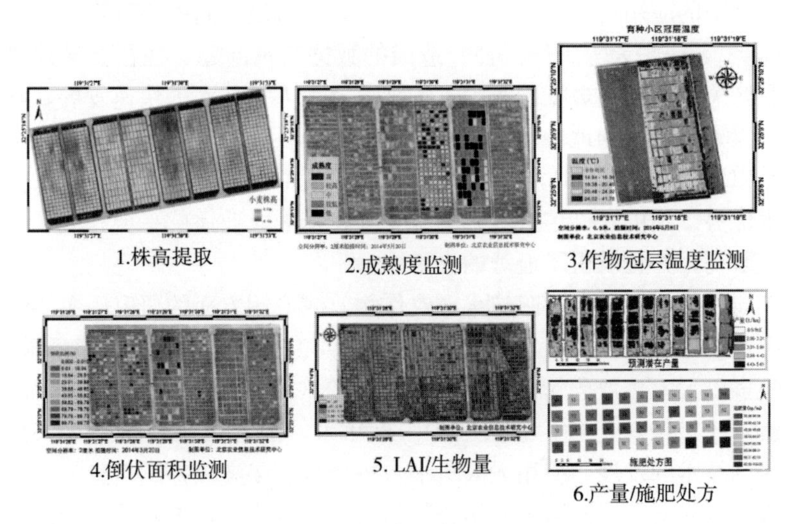

图 2-6　农业遥感技术应用

3. 机载设备和物联网传感器信息获取

机载设备和物联网传感器信息获取主要通过地块信息、农田环境信息、农机作业信息的自动采集和记录，作为精准农业实施的重要数据支撑。目前，国外应用的很多大型农业机械已安装了远程实时监控系统，系统的车载终端通过无线通信网络向监控管理中心服务器实时传输农机作业位置、工作状态、工况等信息，对农机作业进行全方位的监控与管理。随着“互联网＋”信息化农业的快速发展，国内逐渐开始了农机监控调度平台（Agricultural Machinery Monitoring & Scheduling Platform，AMMSP）的研究，运用物联网信息化技术进行农机作业远程监控与调度，提高了农机作业质量和农机装备的智能化水平。从 2010 年开始，我国开始推广深松整地技术；2015 年，开始尝试利用信息化手段对深松作业的面积和质量进行自动监控。我国各地建立的农机深松作业远程监测系统（图 2-7），综合传感器技术、计算机测控技术、卫星定位技术和无线通信技术，实现了深松作业质量和作业面积的准确监测，为深松作业补助提供量化依据。目前，我国农机信息化技术装备已经能够实现作业的定位追踪和面积计量，较好地满足了农场和农机服务组织对所属农机实施作业实时监控的应用需求，对农机作业的面积和质量进行一定的监控，并开始对农机空间运行产生的实际数据进行分析，研究农机作业状态、农机作业效率、田间作业路径规划（图 2-8）。农机作为田间作业的主体，对作业效率有直接影响，现有农机动力研究着眼于农机总动力需求预测、农机总动力影响因素及农机动力对粮食产量的影响等宏观尺度，也注意到农机动力与农机具的不匹配会导致作业效率降低等问题，但作业效率尚无进一步的研究，对农机动力和农机田间作业效率关系的研究较少。

图 2-7　农机深松作业远程监测系统

图 2-8　农机作业过程测量示意图

物联网传感器为农田和设施的环境信息提供自动化解决途径，使实时连续的数据采集与信息解析成为可能。在设施环境内搭建的作物生长环境数据采集监测系统，主要采集作物生长环境信息，包括空气温度、空气湿度、光照辐射等以及土壤温度、含水量等参数指标，温室种植环境数据采集装置如图 2-9 所示。在温室内，黄瓜群体上方和群体内部的不同高度平面上安装光照辐射传感器，并使用集成的控制系统控制管理各传感器，温室光照辐射数据采集装置以及采集的部分环境数据分别如图 2-10、图 2-11 所示。

图 2-9　温室种植环境数据采集装置

图 2-10　温室光照辐射数据采集装置

2013.1.6-2013.5.23.xlsx

	ID	时间	空气温度	地温	露点温度	湿度	光照强度
1018	10333	2013-4-2 7:30	13.7	14	10.7	82.2	
1019	10334	2013-4-2 8:00	13.8	14.1	10.8	82	
1020	10335	2013-4-2 8:30	14.9	15.3	11.7	80.9	15.
1021	10336	2013-4-2 9:00	20.9	18.3	17.2	79.6	19.
1022	10337	2013-4-2 9:30	26.5	21.1	20.3	69.1	25.
1023	10338	2013-4-2 10:00	30.2	23.4	22.6	63.6	32.
1024	10339	2013-4-2 10:30	29.5	22.6	17.8	49.4	46.
1025	10340	2013-4-2 11:00	26.3	21.5	13.6	45.5	53.
1026	10341	2013-4-2 11:30	26.8	21.8	12.7	41.8	56.
1027	10342	2013-4-2 12:00	26.5	21	10.2	36	51.
1028	10343	2013-4-2 12:30	25.9	21.3	9.3	35.1	52.
1029	10344	2013-4-2 13:00	26.1	21.8	10	36.5	54.
1030	10345	2013-4-2 13:30	25.2	21.3	8.5	34.6	51.
1031	10346	2013-4-2 14:00	25.4	21.4	8.5	34.2	46.
1032	10347	2013-4-2 14:30	24.3	20.6	6.5	31.8	37.
1033	10348	2013-4-2 15:00	25	21	6.9	31.3	25.
1034	10349	2013-4-2 15:30	22.1	19.8	4.7	32	2
1035	10350	2013-4-2 16:00	21.2	19.6	4.8	34.1	14.
1036	10351	2013-4-2 16:30	20	18.9	4.5	35.9	11.
1037	10352	2013-4-2 17:00	19	18.1	3.4	35.4	7.
1038	10353	2013-4-2 17:30	18.2	17.5	3.5	37.4	3.
1039	10354	2013-4-2 18:00	17.9	17.5	6.1	45.9	1.
1040	10355	2013-4-2 18:30	18.1	17.5	9.3	56.4	
1041	10356	2013-4-2 19:00	18.1	17.5	11	63.3	

MyData

图 2-11 采集的部分环境数据

农田环境数据、农作物长势、生理生态指标等信息的获取与解析是精准农业实施的基础，为精准农业定量化生产调控提供可靠的、定量的依据（图 2-12）。

图 2-12 农田环境信息采集传感器

（二）精准农业管理决策与处方生成技术

精准农业的核心在于精准农业管理决策与处方生成技术。要在精准农业数据采集和信息获取基础上，针对各种监测数据和信息，分析当前地域、地区、地块尺度的农作物生长状况，包括土壤水分、土壤养分、作物生理指标、作物形态结构指标、作物长势信息、作物病虫灾害等因素。结合作物生长模型确定作物对水分、养分的需求以及病虫害防治的需求，进行精准农业生产管理决策支持与处方生成。其中，精准农业生产管理决策支持和处方生成流程及关键环节包括：土壤养分图的制作、产量分布图的制作、生产管理决策、变量处方图生成等。变量施肥管理分区划分方法的实现包括：基于多年产量数据的精准农业管理分区提取和基于空间连续性聚类算法的精准农业管理分区提取。在此基础上，进一步利用农田信息采集系统获取农机作业之后精准的农田信息，即土壤环境信息、作物生长信息等，形成精准作业结果的定量评价和反馈，进而开展变量施肥的尺度效应研究，结合决策支持与处方生成实例验证精准农业生产管理决策的合理性和效果，反馈并进一步优化精准农业决策模型。

以北方地区广泛种植的小麦为例，研究人员开展了小麦、玉米基肥变量施肥管理模型、基于激光光谱的土壤参数因子快速检测机理、基于旋耕的小麦基肥分层施肥机理、稻茬地旋耕灭茬精准施肥控制技术、玉米基肥分层定位变量深施肥技术、排肥部件仿生技术等关键技术研究。研究以小麦、玉米生长发育为主线，量化环境因素、管理措施的影响，构建了基于生理过程的作物生长模拟模型框架，采用线性和非线性理论研究土壤养分含量反演算法，建立土壤多组分定量估算模型。研究人员基于旋耕原理提出一种满足小麦基肥施用的后覆土分层施肥方法，开展了相关理论研究与参数化仿真分析；基于电液控制原理研发了能够满足 2 路肥料精准分层施用和 1 路精准播种作业要求的电液精准控制系统，初步设计了小麦基肥分层精准施肥试验样机。研究人员制定了玉米基肥分层定位变量深施肥作业装备技术方案，设计完成一种满足玉米基肥分层施用的开沟器，初步完成了满足玉米基肥分层施用的试验样机，采用功能表面仿生技术和离散元分析技术，提出一种新型仿生排肥器的结构设计方案，基于离散元法开展了颗粒肥料排肥过程的模拟仿真研究，初步完成了关键排肥部件的设计。研究人员结合小麦玉米生产季节以及试验样机的田间试验，分别在北京郊区、河北、吉林、陕西等地开展了小麦和玉米基肥分层试验样机的大田试验示范工作，为下一年度的作业效果评价奠定基础。

开展的精准农业技术试验研究，利用筛选的数码影像变量，采用多元线性回归构建地物冠层氮素光谱遥感测量示意图（图 2-13）。如图 2-13 b 所示，冬小麦挑旗期整体氮素含量相对较高，冬小麦试验长势较为旺盛。在不同的水肥胁迫下，各个试验小区氮素差异在空间分布上得到呈现。从图 2-13 d 中可得知，冬小麦开花期相较于挑旗期氮素含量整体呈现下降趋势，这与图中冬小麦各生育期氮素含量变化基本吻合。在不同水肥胁迫条件下，各个试验

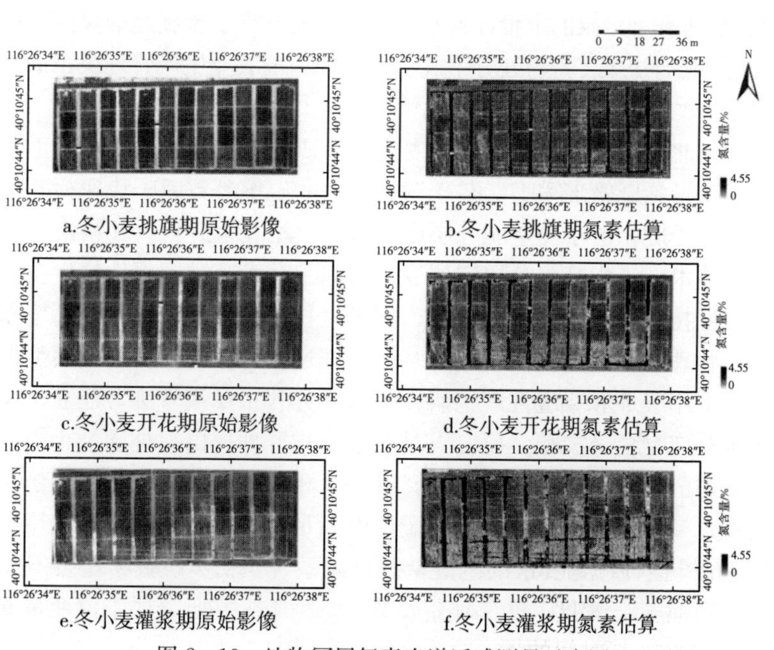

a.冬小麦挑旗期原始影像　b.冬小麦挑旗期氮素估算

c.冬小麦开花期原始影像　d.冬小麦开花期氮素估算

e.冬小麦灌浆期原始影像　f.冬小麦灌浆期氮素估算

图 2-13　地物冠层氮素光谱遥感测量示意图

小区差异逐渐凸显，可以直观地显示氮素含量空间分布的不同。从图2-13 f中可得知，冬小麦在灌浆期长势已经呈现衰败迹象，整体氮素含量空间分布差异与冬小麦开花期基本相同。总体而言，遥感监测图可以直观反映冬小麦氮素含量空间分布状况，为冬小麦精准氮素管理提供依据。

研究人员以定量化遥感反演分析结果为依据，实现基于土壤养分与目标产量的作物变量施肥试验，研究并实现基于土壤养分和目标产量的作物变量施肥算法，探索明确基于土壤养分和目标产量的变量施肥对生物量和产量的影响，以及对籽粒蛋白质含量的影响，进一步拓展为基于土壤养分和目标产量的变量施肥生态效益和经济效益分析。

研究人员利用地物冠层光谱遥感影像数据，以定量化遥感反演分析结果为依据，实现基于地物冠层光谱的作物变量施肥作业，研究实现基于地物光谱数据的作物变量施肥算法。针对冬小麦的生长特性和种植区域的地域特点，研究人员研究了起身期和拔节期光谱测定值预测冬小麦目标产量，探索明确基于冠层光谱指数的变量施肥对冬小麦产量和生物量的影响，以及对冬小麦籽粒蛋白质含量的影响，进而拓展为基于冠层光谱特征函数变量施肥的经济效益和生态效益分析。

基于冠层光谱和作物生长模型结合实现变量施肥目标，研究人员针对玉米、小麦等不同作物的生长特性和生长曲线，结合生产过程数据构建作物生长模型。依据遥感反演冠层光谱信息，确定冠层氮素等差异化需求图谱；研发作物生长模型参数本地化和施肥算法，开展定量化实验；探究冠层光谱与作物生长模型结合变量施肥对产量和蛋白质含量的影响，进行冠层光谱与作物生长模型结合变量施肥的经济效益分析（图2-14）。作物生长模型是用数学方程的方法描述作物、土壤、气候之间的相互作用过程，动态地模拟作物生长发育和产量、品质形成过程。在精度提高的同时，作物生长模型的输入数据显得较为复杂，包括诸如气象、土壤剖面、田间管理（如播期、密度、基肥施用量）等各项数据。当某些重要数据缺少时（例如某时间的灌溉量），必然会影响参数的本地化，甚至影

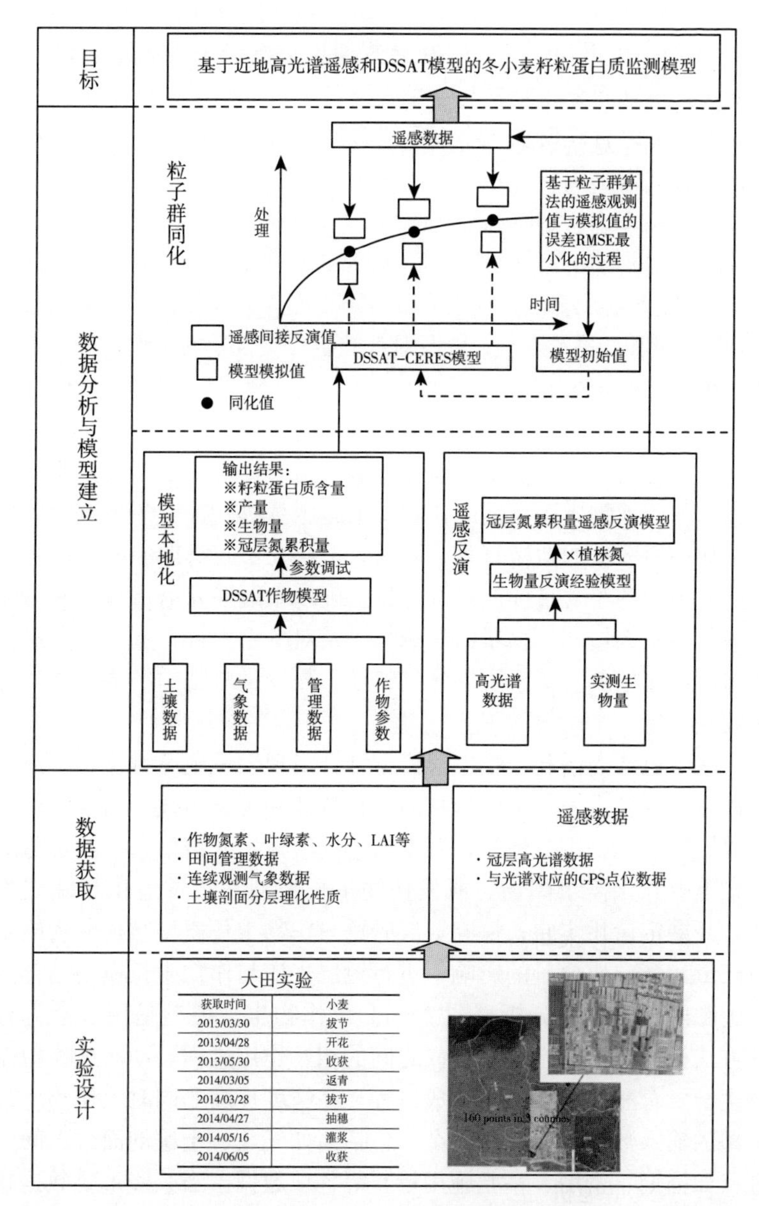

图 2-14　基于近地光谱遥感和 DSSAT 模型的冬小麦籽粒蛋白质监测模型

响作物生长模型的模拟精度。近些年兴起的同化方法可以通过减小遥感数据反演值和作物生长模型模拟值的误差，对模型的初始输入参数进行调整优化，从而提高模型模拟的精度。利用遥感数据，结合粒子群同化算法对模型进行优化校正，从而逐步使小麦籽粒蛋白质的监测预报模型具有精确性、稳定性和机理性，进而实现作物籽粒蛋白质的准确监测预报。

研究人员利用多尺度遥感影像和遥感反演结果，实现基于航空遥感影像的作物养分和长势评价；利用地空遥感影像数据，实现基于航空影像的作物养分评价，进而利用生化参量填图结果进行冬小麦长势评估；研究基于遥感的土壤含水量遥感探测技术，利用遥感影像和监测结果对土壤水分进行动态评估，实现基于遥感技术的作物精准灌溉目标；开展试验研究，提出作物精准变量灌溉算法，实现基于监测数据的定量化作物水分探测与精准灌溉决策。

精准农业生产决策环节综合集成上述各项决策模型和决策技术方法，集成开发精准农业软件系统和硬件系统，结合精准农业试验研究，对精准农业的经济效益和生态效益进行了评价分析。从设施农业生理生态信息传感器、监控系统、智能管理平台和小型智能装备等方面的需求来看，精准农业技术正向设施农业、大田种植、果园种植、畜禽养殖和水产养殖等领域拓展，也不断涌现出大量新的研究成果。

（三）精准作业技术与智能装备

精准作业技术与智能装备是精准农业实施的终端，精准作业技术是以3S系统为纽带，将耕作、播种、施肥、灌溉等各种农事操作与农田变异精确匹配的现代化农业生产技术。它在兼顾作物产量和农业环境方面具有巨大潜力，是实现农业可持续发展的重要途径。其中，激光平地、精准施肥、精准施药是应用较为广泛的精准农业作业技术。

1. 激光平地机

近年来，随着科学技术的发展，相关应用设备日趋成熟，激光平地系统的作业效率和地面平整精度不断提高，精准施肥系统的导航精度和排肥控制稳定性也有效提升。白岗栓进行的春小麦田试验结果表明，激光平地改善了畦田土壤水盐分布，促进畦田中后段的春小麦生长及提高水分利用率。Jat 等两年稻麦轮作结果表明，应用激光平地和双免耕技术后，作物增产 7%，水稻季和小麦季水分利用效率分别提高 12%～14%和10%～13%。还有研究表明激光平地技术提高了作物群体密度并减少了除草等劳动力投入，精准施肥技术根据田间每一操作单元的具体情况，因地制宜地准确调整肥料投入量，可减少肥料损失。张书慧等研究表明，精准施肥技术可在控制化肥用量的同时提高玉米产量。王熙等研究表明精准施肥下大豆增产 7.5%。这些研究主要集中在经济效益分析上。

激光平地机作为农业科技新产品，它融合了激光技术和液压技术，越来越广泛地应用于我国的平地作业中（图 2 - 15）。该技术可有效地提高土地平整度，提高用水灌溉率，是当前推广的主流节水技术之一。目前，大多激光平地机都基本上能够实现平地铲高度方向上的控制即高程控制，但水平方向上的左右平衡控制效果不一，在实际作业中，由于土地地块的大小不一、高低起伏等因素，

图 2 - 15　激光平地机

容易导致拖拉机左右轮水平落差较大，机身倾斜，带动平地机具左右摇摆，在水平方向上不能始终保持平衡，使得土地作业质量达不到规定的要求。激光平地机在水田平整作业时，水田激光平地系统只能控制高程，而不能保证水平平衡控制，作业后的田面平整度达不到南方水稻等作物的种植要求；激光平地机在旱地进行平地作业时，会遇到地面局部坡度较大的情况，在斜坡上平地铲不能保持水平平衡状态，从而铲出各种斜坡，不符合土地精细平整作业的要求。在此情况下，国家农业信息化工程技术研究中心科研技术团队使用倾角传感器来实时采集平地铲作业时产生的倾角，并通过调节油缸来使平地铲始终保持水平，大大提高了土地的平整效率。按精准农业的要求，提高土地平整作业质量是非常重要的，配置阻尼油结构倾角传感器的水田激光平地机以及基于 MEMS 惯性传感器融合算法的水田激光平地机控制系统则可以满足提高土地平整作业质量的需求。该控制系统在南方水田平地作业中得到了广泛的应用，同时也取得了良好的效益。为了提高平地作业质量，实现激光平地机水平方向自调平控制，技术人员采用主流的现代自动化控制技术和传感器技术，设计了一种通用型激光平地机自动调平控制系统。节流阀的使用和双缸控制代替三点悬挂的新液压结构，大大提高了其稳定性，满足了土地精准作业的要求。

2. 变量施肥机

变量施肥技术根据土壤养分和作物长势的空间变异，决策生成变量施肥处方图或基于实时传感器获取土壤和作物信息，利用农田精准变量施肥作业机械在田间因地制宜、定位投入、变量实施，它是精准农业生产中的关键步骤之一。我国化学肥料过量施用情况严重，引起了环境污染和农产品质量安全等重大问题。目前，我国氮肥、磷肥和钾肥的利用率分别只有 33%、24%和 42%，传统人工施肥方式仍然占主导地位，化肥撒施、表施现象比较普遍，机械施肥仅占主要农作物种植面积的 30% 左右。国内外学者对变量施肥技术进行了广泛的研究，研究主要分为两类：基于处方图的变量施肥技术研究、基于传感器的变量施肥技术研究。黑龙江垦区采用先拌肥、后施肥的统一施肥方式，由于肥料颗粒密度不同，在施肥过程中造成了肥料在肥箱中分层，进而进入到土壤中出现了肥料分层的现象。而目前的研究都集中在变量施肥技术的研究上，无法解决肥料分层的问题，导致施肥效果不理想，肥料利用率不高。

精准农业智能装备可实现基于处方图的变量施肥作业控制，通常这类系统总体包括：机载作业控制终端、变量施肥控制器、地速信号采集模块、辅助导航模块，并开展控制器系统田间测试试验，研制精准农业变量施肥机，开展变量施肥机排肥量试验。以水稻为例，水稻是我国主要粮食作物之一，水稻生产的施肥环节大多使用人工撒肥方式。这种传统施肥方式既造成了环境污染和化肥利用率低，又在一定程度上制约了农业机械化的发展。水田侧深施肥是将肥料施于水稻秧苗的侧位一定深度的位置，并用覆土装置将肥料用泥土覆盖的一种施肥方法。理论和实践均证明，水稻采用侧深施肥的方式可以提高化肥肥效，减少 20%～30%的氮肥使用量，减少化肥田间挥发，提高水稻产量。气送式侧深施肥机采用机械排肥、气流输送肥料的排肥方式，其中气体肥料混合腔的结构影响肥料在输送管道中的分布状态和排肥效果。

3. 变量农药喷洒机

精准农业中变量控制农药喷洒是近年来的趋势之一，包括车载精准农业变量农药喷洒技术和机载航空施药技术。

车载精准农业变量农药喷洒技术近年来得到广泛应用和产业化发展，众多农业智能装备研究机构和农机企业针对变量施药目标研发了车载精准变量施药装置。图 2-16 为基于树冠探测的对靶控制系统，由国家农业信息化工程技术研究中心研制。该控制系统通过红外传感器列阵探测树冠位置及树冠的宽度，结合拖拉机运行速度计算喷洒范围，控制多路电磁阀的开闭以进行对靶喷药，在没有果树的地方停止喷药。该控制系统采用脉冲宽度调制（PWM）驱动方法，改变喷头的喷药流量，实现变量作业。传感器固定架采用多孔设计，便于调整红外传感器的上下分布间距，以适应不同要求。喷头可以通过旋转调节喷药范围。

图 2-16　基于树冠探测的对靶控制系统

航空施药技术是近年来的新兴技术手段，众多研发机构开展了精准航空施药技术的研究工作（图 2-17）。航空施药技术由于受施药机械、变量施药技术等因素限制，导致资源有效利用率低且农作物生产效率、产量和品质下降等问题。作物上药液的雾滴分布特

图 2-17　精准农业变量农药喷洒机

性重要评价指标包括均匀性、沉降量等，雾滴的沉降量是检验药液防治效果的直接指标。沉降药液的覆盖率和均匀性是航空施药设备和施药技术方案是能否得到优化的重要指标。

精准农业变量农药喷洒机研制过程中考虑了精准农业变量农药喷洒机背景需求，针对病、虫、草害等不同植保施药目标，研发不同的变量喷药机实施方式和施药策略，并开展施药效果的验证评价研究工作。基于杂草光谱识别的变量农药喷洒机，主要考虑到农田杂草及其危害性和农田杂草的防除途径，利用近红外光在杂草治理中的应用特点，研制基于光谱识别杂草农药喷洒机。

现代农业生产体系中，已经逐渐将物联网、传感器、智能控制系统与农业生产作业机械集成一体。集成农田作业机械智能导航系统、智能控制系统、信息感知系统、机构终端控制执行单元，形成体系化的精准农业技术集成平台；在广泛适用的通用化平台基础运行环境与工具，构建特定的精准农业数据模型，研发精准农业软件；明确平台内部外部运行机制，基于体系平台开发外围应用系统，实现与精准农业硬件通信集成，包括农机作业单元通信、无线传感器网络、农机远程监控；集成农田导航系统，包括平行辅助导航系统、田间作业计算机、辅助导航指示装置、辅助平行导航监视软件等；开展农用辅助导航监视系统集成研究，实现基于平行导航的作业导航以及效果验证评价反馈修正。

四、农业自动控制与智能机器人

农业机器人是用于农业的机器人。当今农业机器人的主要应用领域集中在收获阶段。机器人或无人机在农业中的新兴应用包括杂草控制、云播种、种植、收获、环境监测和土壤分析。有调查公司调查，到 2025 年，农业机器人市场预计将达到 115.8 亿美元。水果采摘机器人，无人驾驶拖拉机/喷雾器和剪羊毛机器人旨在取代人工，但在任务开始之前必须考虑许多因素（例如待采摘的水果的大小和颜色）。机器人可完成许多园艺任务，如修剪、除草、喷洒和监测。机器人还可用于畜牧业，如自动挤奶、洗涤和阉割。应用机器人对农业产业有很多好处，如生产出更高质量的新鲜农产品，更低的生产成本以及减少对体力劳动的需求，降低人工操作的风险等。

（一）农业自动控制与智能机器人的关键技术

农业机器人是一种复杂且高度智能的农业技术设备，它集成了多学科的高科技，如机器、电力和光，它面临着复杂的工作环境和非结构化、不确定且难以预测的工作对象。其关键技术主要包括以下方面。

1. 农业机器人智能连续运动控制技术

在野外作业中，农业机器人被放置在复杂的三维空间中，其运动轨迹和精确定位技术由于地面不平、意外障碍和恶劣的自然环境等影响而表现不稳定。近年来，技术人员已使用诸如陀螺罗盘、雷达、激光束和全球定位系统之类的导航设备来进行路径规划和避障，以控制系统的稳定性，检测和定位以及确定农作物的位置，从而确保机器人自主行走。鉴于路面的不平坦和倾斜，技术人员正在研究人工神经网络、模糊控制和其他人工智能控制方法来解决该问题。

2. 目标位置准确感知和机械手准确定位技术

大多数农业机器人在户外工作，温度、光、颜色和风等工作环境一直在变化，要求机器人具有更强的适应性。农业机器人的工作对象是离散的个体，例如水果、幼苗和牲畜。其对象的形状和生长位置是随机的，农业机器人必须具有对工作对象的敏感和准确的识别功能。动作中的自由度必须足够，并且目标的随机位置可以及时感知，还可以根据位置信息对机器人的位置进行闭环控制。

3. 机械手抓取力度和形状控制技术

对于桃子、蘑菇、苹果等易损伤的农产品和鸡蛋等易碎品，通过使用软装置适当控制机器人的抓握力来适应各种形状的被抓物体，从而避免在运输和装卸期间损坏，以减少损失和保证质量。

4. 目标分类和智能控制技术

在农产品的拣选过程中，应根据颜色、形状、大小、质地和结实程度等特征对成熟度或品质进行分类，然后挑选符合收获条件的果实，使用机器视觉技术，可以准确地识别幼苗的发芽程度和柑橘的成熟度。农产品的特性极其复杂，很难进行数学建模。农业机器人可以在人工辅助条件下（例如模糊逻辑，神经网络和智能仿真技术）进行不断学习。机器人自动控制是时变性非常强、难于模拟的复杂系统，通常利用自适应控制技术来实现。

5. 恶劣环境适应技术

农业机器人比工业机器人复杂得多，保持高可靠性难度也大得多。执行传感、执行机构和信息处理的组件与系统必须适应环境光照、树叶遮挡、灰尘、热量、湿度、振动等外在条件，并保持高可靠性。

（二）国外农业自动控制与智能机器人概况

20 世纪 80 年代开始，发达国家纷纷开始农业机器人的研发，并相继研制出了嫁接机器人、扦插机器人、移栽机器人和采摘机器人等多种类型农业生产机器人。如澳大利亚的剪羊毛机器人、荷兰的挤奶机器人、法国的耕地和分拣机器人、日本和韩国的插秧机器人、丹麦的农田除草机器人、西班牙的采摘柑橘机器人、英国的采蘑菇机器人等。近年来，东南亚一些国家对农业机器人的研发也表现出较大兴趣。总体看来，在农业机器人的研发方面，日本居世界领先地位，现已研制出可用于番茄、黄瓜、葡萄、柑橘等水果和蔬菜收获的多种农业生产机器人。由于农业生产环境、作业对象及使用者等与工业生产领域截然不同，发达国家已研发成功的农业机器人也各有特点，不尽相同。

进入 21 世纪，农业劳动力不断向其他产业转移，农业劳动力结构性短缺和日趋老龄化已成为全球性问题。设施农业、精准农业和高新技术的快速发展，特别是人工作业成本的不断攀升，为农业机器人的进一步发展提供了新的动力。果蔬的采摘不仅季节性强、劳动量大，而且作业费用高，人工收获的费用通常占全程生产费用的

50%左右，因此采摘机器人在日本、美国、荷兰等国家已有初步使用。

日本是最早研究农业机器人的国家之一。日本的农业机器人技术也是最成熟的，这与日本的自然资源条件密切相关。早在20世纪70年代末期，随着工业机器人的发展，日本逐渐开展对农业机器人的研究工作，农业生产机器人有嫁接机器人、苗圃机器人、喷药机器人、切割机器人、施肥机器人等。日本番茄采摘机器人、番茄移栽机器人、黄瓜采摘机器人和葡萄采摘机器人的应用水平在世界上名列前茅。在美国，农业机器人技术的发展也非常迅速。由于美国幅员辽阔，农业机械化程度高，行走农业机器人的理论和技术非常成熟。美国新荷兰农业机械公司投资250万美元，发明了一种多功能自动联合收割机器人，非常适合在美国某些独家农业区精心规划的大型农田中收割农作物。

（三）国外主要的农业智能机器人

农业生产大致可分为两类：一类是在大规模农田中经营的土地利用型农业，另一类是在温室或种植园中经营的设施型农业。根据问题的解决重点，前者将农业机器人称为行走系列农业机器人，后者将农业机器人称为机械手系列机器人。

1. 行走系列农业机器人

行走系列农业机器人的主要目标是自主行走。其操作条件受地理环境的影响。因此，在这种农业机器人的开发中必须解决如何保持机器人的速度和姿势，从而使机器人高质量地工作。活跃在农田中的机器人有以下几种。

（1）自走式耕作机器人

自走式耕作机器人以拖拉机为基础，并增加了方位角传感器和嵌入式智能系统。可以确定其在农场中的位置，发挥执行器的作用，并实现无人驾驶，在田间工作，可以确保田间脊的正确方向和耕作的精度。随着GPS的应用，卫星导航和精确定位技术已经成熟，自走式耕作机器人已进入实用阶段。

(2) 施肥机器人

除田间自动驾驶功能外，施肥机器人还将根据土壤和作物类型的不同自动配备营养液，计算施肥总量，降低农业成本，并减少过量施肥造成的污染（图 2-18）。

图 2-18　施肥机器人

(3) 除草机器人

除草机器人采用了先进的计算机图像识别系统和 GPS。其特点是利用图像处理技术自动识别杂草，利用 GPS 接收器做出杂草位置的坐标定位图（图 2-19）。机械杆式喷雾器根据杂草种类和数量自动进行除草剂的选择和喷洒。如果引入田间害虫图像的数据库，还可根据害虫的种类与数量进行农药的喷洒，起到精确除害、保护益虫、防止过量农药污染环境的作用。

图 2-19　除草机器人

（4）水田管理作业机器人

水田中的作物是有规律栽种的，因此也可以通过测量作物方位进行机器人式作业。日本农林水产省农业研究中心开发的机器人式水田管理作业机器人能对水稻进行洒药与施肥等作业。该机器人的自主行走系统采用类似猫胡须的接触传感器，沿着列行走，到地头时自动停止，并转一个作业宽度至返回方位，再由操作者确认是否进入正确稻列进行作业，这种机器人为半自动作业方式。

（5）收获及管理作业机器人

这种机器人根据预先设置的指令，利用自动控制机构、陀螺罗盘和接触传感器自动进行田间作业。在该类机器人的研究上，日本开发了利用棒状传感器检测稻株，依靠离合器闸的接通与断开实现转向的方向自动控制联合收割机。美国新荷兰农业机械公司研制的多用途自动化联合收割机器人，很适合在美国的一些专属农垦区大片整齐规划的农田中收割庄稼。

2. 机械手系列机器人

机械手系列机器人旨在识别工作对象，其工作目标是离散的个体，例如水果和牲畜。由于工作对象的基本生理特性和机械特性不同，因此开发机器人的重点应放在收集检测数据以及开发不同传感器上。近年来，传感器的融合技术已被引入机器人识别研究中。开发新的传感器并提出新的融合方法以提高灵敏度和响应速度是这类机器人未来的重要研究方向。当前，属于该系列的机器人主要有以下 3 种。

（1）嫁接机器人

嫁接技术被广泛应用于蔬菜和水果的生产中，可以改善品种并预防病虫害。嫁接机器人是集机械、自动控制和园艺技术于一体的高科技机器人。它可以在短时间内嫁接直径为几毫米的蔬菜幼苗砧木和芽毛坯，大大提高了嫁接速度，这样就避免了切口的长期氧化和幼苗中水分的流失，提高了嫁接存活率，大大提高了工作效率。嫁接机器人在日本被广泛使用。

（2）采摘机器人（水果收获机器人）

近年来，为了提高水果蔬菜的采摘效率，国外已经开发了一系列采摘机器人（图 2 - 20）。这种类型的机器人使用彩色或黑白相机作为视觉传感器来查找和识别成熟的果实。采摘机器人系统主要由机器人、终端支架、视觉传感器和移动机构等主要部件组成。通常，机器人具有更广的自由度来避免障碍物，并且有时在终端支架的中间设一个压力传感器，以避免压碎水果。番茄采摘机器人、黄瓜采摘机器人、葡萄采摘机器人、西瓜采摘机器人和柑橘采摘机器人在许多国家已被广泛使用。

图 2 - 20　采摘机器人

（3）育苗机器人（移植机器人）

育苗机器人主要用于移植蔬菜、花卉等的幼苗。它将幼苗从插入地移植到盆栽容器中，以确保适当的空间，促进植物生根和生长，并有利于装卸和运输。现在开发的育苗机器人有两条传送带：

一条用于转移托盘，另一条用于转移盆状容器，其他主要组件是插秧机、杯形容器输送机和防漏分类器。在很多情况下，种子的发芽率只有 70%左右，即便发芽也有不良的幼苗。因此，育苗机器人会引入图像识别技术来进行判断。在检测之后，准确地识别出幼苗中的不良幼苗和缺失幼苗，并且命令机械手将良好的幼苗准确地移植到预定位置。育苗机器人大大减少了劳动力，提高了移植的质量和效率。

3. 其他机器人

其他特殊农业机器人（如澳大利亚生产的剪切机器人和荷兰生产的挤奶机器人）已经投入生产，其技术非常成熟。

（1）剪切机器人

澳大利亚科研人员已成功开发了剪切机器人，可用于剪切绵羊毛。使用时，先将绵羊固定在可以旋转三轴的平台上，然后将绵羊的参数输入计算机。计算出剪刀的最佳轨迹，然后用液压传动剪刀剪羊毛。测试结果表明，机器人的切割速度比熟练的剪毛工剪得快。

（2）挤奶机器人

荷兰科学家开发了一种挤奶机器人（图 2－21），属于超声波机器人。它可根据计算机管理的牛乳头位置信息，使用超声波检测器自动查找母牛乳头位置，并执行乳头杯操作、乳头清洁和机械手挤奶。

图 2－21　挤奶机器人

(3) 葡萄树修剪机器人

英国科学家开发了一种修剪葡萄树的机器人。该机器人使用基于摄像头的计算机模型来检测树枝，并用机器人的剪刀修剪树枝。

第三节　典型国家农业物联网

一、美国

美国农业生产非常发达，也是世界上最大的农产品生产国和出口国。美国土地资源丰富，人口相对稀少，适应土地大规模经营，逐步形成了以家庭农场为代表的智能化精准农业物联网模式，从而形成了“规模化经营＋3S技术及智能化高度发达＋农民科技文化素质高”的集约化模式。

（一）家庭农场成为现代农业生产的主力军

美国土地资源丰富，农业生产以农场方式为主。美国全国土地中有一半以上是农场和牧场用地，大型家庭农场是美国农场最普遍的组织形式。2015年，这些农场占美国农场数量的99%，占农产品生产总量的89%。美国农业部2017年8月发布的*Farm Computer Usage and Ownership report*（《农场电脑使用和所有权报告》）显示，美国的205万个农场中有73%的农场拥有电脑，71%的农场连接了互联网，47%的农场用电脑做生意，23%的农场用电脑购买农资，18%的农场用电脑进行农产品营销活动。基础信息网络的大范围覆盖，使先进农业技术得到广泛应用，从1948年到2015年，美国农业总产出增长了两倍，而用于农业的劳动力和土地的数量分别下降了75%和24%。美国农场一般进行专业化生产，即使是大农场，也仅生产有限的几种产品。在年销售额超过50万美元的农场中，有75%的农场的产品种类不超过3种。在农业规模化生产的同时，美国农业机械化普及程度相当高，每个农场的劳动力平均仅为0.6个，高机械化率使得一个美国农民生产的农产品可供养 155 人。同时，土地规模化经营亦为物联网技术和设备的广泛应用提供了便利条件。

（二）信息化基础设施奠定农业物联网发展基础

从美国农业物联网的发展现状来看，其信息化基础设施完备，为美国农业物联网的发展创造了优越的条件。美国政府每年用于农业信息网络建设方面的投资约为 15 亿美元，已建成世界最大的农业计算机网络系统 AGNET，可以为美国农业物联网的发展提供强大的信息资源支持。同时，建立了农业技术信息数据库，如生物科学情报社（BISIS）、英联邦农业局（CAB）、美国国家农业数据库（AGRICOLA）和联合国粮食及农业组织农业情报体系（AGRIS）等。

除了政府的引导和支持外，民间资本在农业物联网领域也十分活跃，并展现了旺盛的生命力。美国农业器械供应商如约翰迪尔公司（ John Deere）、克拉斯农机公司（ Claas KGaAmbH）和凯斯纽荷兰环球（CNH Global）都已经开始进军物联网，并先后投入巨资。美国农业种业巨头孟山都公司（Monsanto Company）近年来将视角瞄准了农业信息技术和农业物联网，并取得明显成效。通过收购农业种植技术开发公司（ Precision Planting Inc.）和意外天气保险公司（Climate Corp），孟山都公司正在朝精准农业进发，并且已经开始提供用于收集和处理土壤、害虫、气候等农业相关的信息服务产品，开发出一系列在线信息服务工具和高级农艺应用手机软件（App）。美国硅谷新型创业公司 FarmLogs 为农户提供基于农业物联网的云服务，客户覆盖全美 15%的农场。2017 年 C 轮融资前，FarmLogs 公司已为自己获得 1 500 万美元的融资。FarmLogs 公司让农民通过互联网和手机移动应用平台，把农户耕作方面的数据（包括耕种面积、土壤状况、作物长势、气象数据等）上传到公司研发的物联网云平台上，公司在平台上为农场建立信息流通的数据库，如单个农场使用的种子、施肥量、种植方法、环境因素以及最终的产量等。基于这些数据，FarmLogs 公司为农户提供农业生产方面的信息数据和全面透明的视角，从而为农户提高作物的种植效率提供决策支持。硅谷的创业公司 CropX 在密苏里、科罗拉多和堪萨斯州近 2 023.4 hm^2 农田中为农户提供“土壤物联网”服务，产品为探测土壤参数的传感器硬件和帮助农户展示相关数据的软件组成的土壤物联网系统。最重要的传感器有 3 个，分别收集地形、土壤结构和含水量，以决定土壤对水的需求量。手机软件可以将云端的计算结果呈现给用户，比如灌溉地图、土壤水分状况，农民也可以通过更改相应参数来计算不同区域所需的灌溉量。截至 2016 年 4 月 12 日，CropX 公司的土壤物联网业务共获得 1 000万美元 A 轮融资，A 轮融资完成，产品开发正向肥料供应、作物保护、播种和收获预期等方向扩展，应用范围正逐步扩展到美国全境。

（三）推进农业数据标准化

长期来看，农业物联网需要的是可以相互识别的可操作标准，这样不同设备才能在一起工作，否则不同设备传回的信息格式不能兼容。目前 Ag Gateway 和 OADA 正在研究农业数据标准化的问题。Ag Gateway 是一家非营利性的商业联合组织，致力于推进电子商务在农业领域的发展和推动信息通信技术在农业领域的使用。OADA 是一个帮助农民全面、安全获取数据的开放式项目。美国农业与生物工程学会（ASABE）也在支持建立农业数据标准的工作。

（四）物联网技术与 3S 技术结合及综合应用

在全球范围内，美国农业在利用物联网技术上处于领先地位。一是作为一个科技强国，在 21 世纪初美国已实现 3S 技术、智能机械系统和计算机网络系统在大农场中的综合应用，智能机械已经进入商品化阶段。如约翰·迪尔公司的“绿色之星”精准农业系统，其作为基于物联网技术与 3S 技术搭建的新型精准农业管理系统，进行精细农作、农机管理、农艺管理和计划管理，可绘制农场产量的“数字地图”，在机械化生产大农场中的市场占有率达到65%以上。美国大农场对物联网技术的采用率高达80%，目前几乎所有大农场和中型农场的农机设备均已安装全球定位系统，准确接收卫星遥感遥测信息，从而进行精准的土壤调查、施药、施肥、作物估产、农业环境监测和土地合理利用等。二是高度智能化的自动化管理。如使用智能化自动灌溉设备，运用无线传感器网络（WSN）技术采集、处理和传输温度、湿度、土壤成分等数据资料，系统便可根据相关数据给予不同的田地浇灌不同的水量，从而做到节水节能；使用近红外实时监测设备检测土壤肥力；采用智能型传感器SmartBob自动监测并实时通知粮仓的温度和湿度，农民可在线实现通风和温度调控，该系统广泛应用于远程监测谷物、种子等散装农作物仓储库存。

（五）多元化的教育培训机制使得农民科技文化素质较高

美国农业的信息化程度已高于工业，不断提高职业农民的综合素质是美国现代农业发展的保证。一是通过立法大力支持农民高等教育培训。2010年，美国25岁以上的农民中接受过大学教育的比例达到46%。2012年，美国出台新农业法草案，进一步扩大了涉农专业学生的招生规模。同时通过政府额外补助鼓励农场主向学生提供兼职实习和学徒机会，帮助其农业从业能力培养。2013—2017年，美国联邦政府每年提供法定资金5 000万美元，划拨到各类大学、农业推广中心、社会组织和其他公益性协会，制定培训计划并用于新型职业农民的生产技能和经营管理能力的教育和培训。二是注重形式多样的中等农业教育培训。一种是在秋冬农闲时期，由当地高中教师在公立学校之外的夜校对成年农民进行培训，向其传授新技术知识。另一种是在公立学校内开设农业课程，对青年学生和准备务农的青壮年讲授园艺、种植和养殖的最新技术以及农机设备的使用方法。多元化的教育培训机制有助于提高职业农民的农业生产与经营能力，特别是熟练掌握最新农业物联网技术。

二、法国

法国是世界第二大农业食品出口国和第一大食品制成品出口国，农业信息化受到政府高度关注。法国农业信息化发展的特点是多元信息服务主体共存原则，法国农业部、大区农业部门和省农业部门负责向社会定期或不定期发布政策信息、市场动态。为了帮助青年农民利用互联网，法国政府曾免费向农民提供基于公共交换网通信的远程信息设备"迷你电脑"，供农户查询行业商业数据、气象预报、交通信息等。2016 年，法国家庭电脑普及率达 63%～95%；2017 年，互联网用户数量占总人口的 80.5%。法国政府一直重视为农户提供有价值的农业信息服务，为了帮助青年农民利用互联网，法国政府将普及互联网行动与农村文化娱乐活动联系在一起，建立了"Internet 接力点"项目。一方面，为每个青年农民提供上网获取信息的机会；另一方面，也给他们提供了利用计算机进行工作或娱乐的权利，以此达到提高农民信息技术素质的目的。正是通过这种项目使农民了解和熟悉了计算机，逐步建立了网络信息的概念，使越来越多的农民开始利用电脑实施精准农业和全程实时监控技术。

在农业生产中，信息和通信技术的应用程度很高。其主要是利用通信卫星技术对灾害性天气进行预报，对病虫害灾情进行测报；利用专家系统进行自动化施肥、灌溉、打药等田间管理；利用信息技术对土壤环境进行精确的数据分析；根据种植品种的具体需求，调节和改善种植环境；在农产品的生产、收获、贮藏和加工等各个环节实现了计算机全程实时监控。法国农业信息化的发展特点是多元信息服务主体共存，在法国农业部的《农业网站指导》中收录的具有代表性的涉农网站有 700 多个，在服务内容上各有侧重点，在服务对象上有各自的群体，形成了良好的互补性，成为推动本国农业信息化的主要动力。法国官方提供的农业信息服务不收费。法国农业部、大区农业部门和省农业部门负责向社会定期或不定期地发布政策信息、统计数据、市场动态等。法国农业合作联盟、全国青年农业工作者中心、小麦及其他粮食生产者总会、全国葡萄酒联合会、全国养牛联合会、全国奶制品经济行业中心、水果及蔬菜行业技术中心、全国农产品加工工业协会等行业组织和专业技术协会负责收集对本组织有用的技术、市场信息、政策信息，为组织及其成员使用，一般只收取成本费。粮食生产合作社、葡萄生产合作社等营利性机构提供的农业信息服务，通常是在生产者价格和社会平均利润的范围内收费。信息网络和产品制造商也在推动法国农业信息化进程。

农业信息化的另一个标志，在于农业生产和农产品加工过程中的信息和通信技术的应用程度不断深化。信息技术应用于农业，主要有以下方面：一是利用信息和通信卫星技术对灾害性天气进行预报；二是对病虫害灾情的测报；三是利用专家系统进行自动化施肥、灌溉、打药等田间管理；四是利用新技术对小区土壤环境实现精确的数据分析，根据种植对象的具体需求，及时准确地调节和改善种植环境；五是在农产品生产、收获、贮藏、加工等各个环节实现计算机全程实时监控，等等。目前，法国信息技术在农业上较成熟的应用是全程实时监控。由于近年来疯牛病及其他一些畜禽疾病在欧洲的流行，食品卫生成为消费者最为关心的问题。人们希望销售部门提供尽可能详尽的食品生产和加工信息，这使农业经营者们看到了新信息和通信技术在这一领域应用的价值。农民们以较高的技术投资来生产消费者信赖的农产品，会得到更好的经济效益。信息技术在全程实时监控方面的应用就这样被农民接受。

三、荷兰

荷兰的农用土地面积 249 万 hm^2，约有 1 700 万人口，是世界上人口密度最大的国家。耕地资源匮乏、人口密度大的荷兰却以其名列前茅的农产品和食品出口贸易，成为全球举足轻重的农业发达国家。2015 年，荷兰整体出口额为 4 380 亿欧元。其中，农产品出口占 18.8%。数据再一次证明，荷兰是全球最主要的农产品出口国之一，位置仅次于美国居世界第二。荷兰农业中，畜牧业占

50%，园艺业占38%，大田作物占12%。世界花卉贸易市场上有66.7%的鲜花由荷兰提供。荷兰的温室园艺产业和畜牧业体现了工业装备农业，以及贸易和辅助工业与农业一体化的特征，体现在种子、肥料、动物饲料、技术设备和温室建设等方面。农业物联网技术为农业发展提供了支撑，荷兰的农业发挥着物质生产、环境美化、休闲娱乐、文化传承等多种功能，并且与荷兰经济中的其他产业紧密结合，满足消费者的不同需求。

（一）农业物联网技术在荷兰温室园艺中的广泛应用

荷兰的玻璃温室面积约占世界现代温室面积的25%。在荷兰郊区，集中连片的温室随处可见，一般温室规模能达到40hm^{2}左右。温室都采用了先进技术，能显著提高透光率，减轻温室建筑材料的重量，增强温室抗风耐压性能，进而大幅度降低能耗。以“玻璃城”驰名于世，位于海牙的荷兰微缩景观园，芬洛（Venlo）型温室模型备受瞩目。温室园艺是荷兰园艺产业的主要生产方式，以花卉和蔬菜生产为主，体现了稳定种植面积、适度规模经营、高度集约化管理、依靠知识技术创新的发展战略。荷兰温室园艺作物生产的特点是机械化和自动化的设施栽培，生产中的温度、湿度、光照、施肥、喷药等均实现了自动化控制和网络化管理。农业物联网技术在荷兰的温室园艺中得到了广泛的应用。先进的温室制造、完善的设施设备、自动化的生产方式、高效的产业链组成荷兰温室园艺作物工厂化生产的技术体系。

荷兰的温室公司主要承担温室设计而不是制造工作，为特定的园艺作物生产商量身定做所需要的温室，而相关的设施设备由专门工厂进行生产。温室制造的核心技术是具有智能决策支持功能的普瑞瓦（PRIVA）温室环境计算机控制系统，目前世界上有超过7 000家用户在52个国家使用PRIVA系统。系统的温室加温模型根据室内外温度、风速、太阳辐射以及设备的运作情况，自动调整加热量，始终维持精确的温室温度。系统按照时间、温度、湿度、太阳辐照量、湿度传感器等各种方式启动灌溉，采用双EC和pH

传感器，保证灌溉系统安全运行，采用加热模型和通风模型进行前馈管理，大大提高了控制精度，节约能源。该系统具备数据分析、解释和报警功能，保证了温室系统运行的安全可靠。配套完善的生产设备为荷兰温室作物的高效生产提供了保障。播种、移苗、定植和采收机械一应配套，智能化的分级包装机械保障了园艺产品的高品质。

（二）规范有序的市场经营模式

在荷兰，农产品的销售是一个完整的体系，集卖市场在这个体系中扮演了提供商品生产信息及产品质量标准、调节市场供需、控制市场进程的重要角色。规范化的市场体系为荷兰的温室产品快速进入消费领域提供了优质的服务和保障。温室企业生产的产品均标有生产厂家、注册商标和产品品牌，消费者可以通过产品品牌从市场上购买自己满意的园艺商品。荷兰温室产品市场分类较明确，比较集中的有花卉拍卖市场、蔬菜拍卖市场、温室作业机具和专用产品市场等。以花卉拍卖市场为例，高效快捷的“荷兰式拍卖”，依靠先进的物联网技术，使完成交易的鲜花在一天内发送完毕，运到世界各地，以满足鲜花对时间的苛刻要求。

（三）集成化的工业技术在温室农业中被广泛应用

荷兰的工业基础雄厚，其中化工、食品加工、机械与材料、电子工业技术尤为先进。世界级的大型公司如化工业的壳牌、食品工业的联合利华、电子工业的飞利浦在国际工业舞台上扮演着重要的角色。在高度发达的工业化影响下，荷兰温室农业也具有高度工业化的特征。温室设施本身就是工业化集成技术的产物，由于摆脱了自然气候的影响，温室园艺产品的生产完全可以实现按照工业生产方式进行生产和管理，不仅体现在种植过程中有其特定的生产节拍、生产周期，还体现在产品生产之后的包装、销售方面，与工业生产如出一辙，因此被称为工厂化农业。温室产业中广泛采用现代工业技术，包括机械技术、工程技术、计算机管理技术、现代信息技术、生物技术等。

机械技术：传感机械、耕作机械、包装机械、预冷机械、运输机械。

工程技术：工程构架材料、工程塑料、覆盖材料、节水工程。

计算机技术：光、温、水、气自动监控，机械自动化控制。

现代信息技术：技术信息、产品信息、市场信息、生产信息。

生物技术：生物制剂、生物农药、生物肥料等。

工业技术植入农业生产中，为荷兰温室农业赋予了工厂化生产的内涵，使之成为工业化大体系中不可分割的部分。“植物工厂”是荷兰最具工业生产特点的现代化农业生产形式。在生产观叶园艺植物的现代化大型自控温室中，盆栽植物均放置在栽培床上，基质搅拌、装钵、定植、栽培、施肥、灌溉、钵体移动全部实现机械运作，室内温度、光照、湿度、作物生长情况、环境等全部由计算机监控。这种采取全封闭生产、完全摆脱自然条件束缚、实现全年均衡生产的现代化农业生产经营方式带来了全新的理念：用现代科技支持现代农业，实现科技与经济的一体化是农业融入现代经济社会的必然趋势。

四、日本

日本政府高度重视农业物联网的发展。2004 年，农业物联网被列入日本政府计划。当时日本总务省提出 u-Japan 计划，其核心是力求实现人与人、物与物、人与物之间相连，在未来形成一个人或物均可互联、无处不在的网络社会，其中就包括了农业物联网技术。日本政府很早就通过立法来实现以现代产业改造传统产业的目标，着力推进“六次产业化”，试图打造“品牌农业”，积极导入人工智能、物联网、无人机等先进技术。日本国土面积较小，人口密度高，土地资源短缺，农家每户平均耕地面积较小，设施农业非常发达。日本农业物联网采用“工厂化生产＋自动化、智能化技术发达＋农民文化程度高”的集约化模式。

（一）大规模建立现代化温室，农作物种植工业化

近年日本开始建设连栋式现代大型温室。日本温室发展方向是单栋面积超过 5 000 m^2，温室高于 4.5 m，室内可进行立体栽培。设施农业工业化体现在以下方面：一是生产连续化。设施内每一个温室均成为一个生态单元，采用相关物联网技术模拟自然生态系统，克服外界环境和季节变化的影响，达到生产时间连续化。二是设施种苗业发达。三是设施内单产水平高。四是采用无土栽培方式。五是“植物工厂”技术先进。日本建立了世界最先进的“植物工厂”，采用营养液栽培和自动化综合环境调控，完全摆脱了自然条件的束缚。“植物工厂”内的蔬菜年产量是普通温室栽培的 10 倍以上，更是露地栽培的数十倍。

（二）设施农业的高智能化、高自动化

日本非常重视农业物联网的推广应用。一是 2004 年农业物联网列入日本政府计划。该计划提出到 2020 年日本农业信息技术化规模将达到 580 亿～600 亿日元规模，农业云技术运用率将达到 75%；目前日本半数以上农户选择使用农业物联网技术。二是物联网助推日本农业实现智能化。近年来，日本农户运用日本电气股份有限公司、富士通、日立等公司的信息技术部门研发的物联网技术，在温室中设立感应器并连接管理中心。农户在家中的电脑或手机上即可实时观测温室内温度、湿度、土壤墒情、溶液浓度、二氧化碳浓度以及作物生长状况等参数，并能实现温室内温、光、水、肥、气等诸因素远程控制。该系统不但节水、节肥、节药、提高作物抗病性，还可节能 15%～50%。三是管理机械化、自动化程度高。日本研发了许多小型化、易用、轻便、多功效的设施耕作设备，以及灌溉施肥设备、育苗播种设施、自动嫁接装置以及自动调温调湿设备等。目前日本政府正在普及农业机器人，农业机器人将无线传感器（WS)、计算机视觉（CV)、智能化控制、现代通信等高科技引入设施农业，使其向自动化、智能化和网络化方向发展；

还开发了育苗移栽机器人，可行走的耕耘、施肥机器人，柑橘、葡萄收获机器人等。

（三）多方合作，共同推动农业互联网技术发展

制造商推广农业物联网技术知识。在最初引进农业物联网时，日本农户由于其成本过高、技术较难掌控等原因，物联网设备长时间处于停用状态。后来在制造商与当地农业协同组合工作人员的帮助下，农户们逐渐接受并理解了物联网技术，他们在家里看看农作物的照片，并对比一下各类数据便可管理偌大的土地，并可较以前减少一半的工作量。

产、官、学协同研发农业物联网技术。近年来，日本着力把人工智能以及物联网技术导入到现代农业之中。在政府及政策鼓励下，一大批农业机械厂商、食品企业、信息技术科创企业以及机器人风投企业等正在纷纷加入农业改造大潮，各种创新也在不断付诸实践。日本农业物联网技术主要由日本电气股份有限公司、富士通、日立等大型公司的信息技术部门牵头研发，并与三井物产等农用品开发商合作。日本非常注重引进和发展符合日本国情的精确农业。目前，日本农业物联网技术研究主要集中在两个方面：一是精确农业的基础研究，提供农业生产应用的作物生长模型数据库，可用于农业物联网的农业生产指导信息平台；二是精确农业机械的研究，提供农业物联网的智能化操作终端。

五、韩国

韩国在通信、显示成像等技术方面已具备全球化的竞争力，但传感器方面逊色于美国、日本、德国等国家。为加强在物联网领域的竞争力，韩国政府自 2015 年起，着手推动尖端传感器培育事业，计划未来 6 年投资 1.3 亿美元，筹备组建物联网事业，研发极具潜力的先进传感器。

早在 2004 年韩国就制定了 U-Korea 计划，将物联网作为三大

基础建设重点之一。目标是“在全球最优的泛在基础设施上，将韩国建设成全球第一个泛在社会”。2010 年后，韩国政府从订立综合型的战略计划转向重点扶持特定的物联网技术，致力于通过发展无线射频技术、云计算等，使其成为促进国家经济发展的新推动力。《基于 IP 的泛在传感器网基础设施构建基本规划》，将传感器网确定为新增长动力，确立了到 2012 年“通过构建世界最先进的传感器网基础设施，打造未来广播通信融合领域超一流 ICT* 强国”的目标，并确定了构建基础设施、应用、技术研发、营造可扩散环境等四大领域的 12 项课题。韩国广播通信委员会（KCC）决定促进“未来物体通信网络”建设，实现人与物、物与物之间的智能通信。

韩国建立了比较完善的农业信息系统。新型农业技术信息数据库为农民和公众提供新的农业技术信息。农业土壤环境信息系统为农民提供详细的原始土壤图制备、土壤详图数据库、稻田和旱地土样分析等信息。农场信息技术系统主要向农场主、农户发布作物生长条件、农场全方位技术、害虫预测信息、农业标准设备的设计规划、特殊地点农户实用技术和农村生活等信息。农场生产环境信息系统提供实时天气预报信息。牲畜出口产品管理系统提供畜产品价格动态分析信息。农民信息管理系统主要开发和提供农业管理项目。

此外，韩国农业电子商务也极为发达。韩国政府的“信息化村计划”关注农业产销情况，带动了全国农业产业发展。信息化村采用“政府＋电信运营商＋地方公司”协同，农户共同参与的模式，提升了农户对信息化技术的认识和应用能力，拓宽了农产品销售渠道。截止到 2016 年年底，韩国共有信息村 357 个，约占韩国自然村总数的 1%。2019 年 6 月，韩国建立了 5G 信息化村——大成洞村，该村实现了对能源消耗、空气质量等参数指标的监测，以及农户进行精准农业生产与智能农业决策。

---

* ICT，一般指信息与通信技术。——编者注

六、印度

印度是一个农业大国，全国由多个邦（相当于中国的省）组成。每个邦包含若干大区，大区下设有小区，每个小区大约包含15个村。印度是一个低收入国家，农业经济和农业人口分别在国民经济和总人口中占到80%。印度农业的发展还没有完成传统农业向现代农业的转变，农业市场也没有形成，分散在各地的7 000个农产品批发市场彼此很少沟通调剂。农民生产的产品20%留作自用，80%在当地的市场上销售，但是市场的低需求导致了农产品低价格和农民低收入。尽管政府采取了规范市场、农业产品分级管理、合作社制度等一系列保护农民利益的措施，但由于农民没有实时准确的市场信息，受到中间商人的盘剥，因而农产品的利润并没有直接到达农民手中。而且其他国家也不了解印度当地的农产品生产和销售市场情况，严重限制了印度农业的发展。为此，印度政府建立了许多有利于农产品交易的信息系统，建立农业行情信息系统，研发价格预测应用程序，绘制全国市场地图，建立电子拍卖系统，设立电子显示屏，创立农产品电子目录，运用电子商务实现农业品运销，为农户提供关于到货、当前价格、大致价格趋势、交易价格等最新的市场信息。信息流在各个地区间流通，免除了生产者不确定性的风险，生产者也不会因缺乏市场信息而丧失自身利益。农民的利益需求增加了政府发展农业信息化的动力，印度国家信息中心陆续建立了若干个专业性的农业信息数据库系统。

印度的人均信息基础设施水平比世界人均水平要低，电话普及率为4%，仅有5%的农民拥有电脑。近年来，印度一跃成为全世界软件业发展最快的国家，成为仅次于美国的世界第二大计算机软件出口国。软件产业的发展为印度农业信息化的发展注入了活力，政府通过减免个人购买电脑和软件所得税、下调互联网收费标准以及降低农民获取信息的费用等措施支持农业信息化的发展。政府从解决农村信息需求入手，通过建立农村信息化网络来推动农产品市场的建立，促进农业的发展。2015 年，印度出台了“数字印度”战略，通过建立覆盖 25 万个村级潘查亚特的公共服务中心来解决农村居民无差别接入；2016 年，通过公私合营为农村地区建设宽带网络，从而解决农民信息传播的问题；2017—2018 年，在 26 个邦推广综合农业系统（IFS），以降低气候变化带来的影响，提高农业生产效率。

印度政府还通过广泛的国际交流合作，促进农业信息技术的快速发展。印度政府和美国麻省理工学院联合实施了一项名为“邮车网络”（Post Net）的无线网络计划，在通往农村的公共汽车上安装无线互联网收发机。当公共汽车经过村子时，农户计算机中的软件将自动转到“连通方式”，这种网络每天可以为农民提供至少两次了解农业信息和气象信息的机会。

印度国家农业研究委员会（ICAR）是由印度政府主办的机构，主要为农民提供农业科技服务。印度国家农业研究委员会统管全国农业信息网络系统，下设农业研究与教育子系统、农业研究管理子系统和印度国家科技文献与服务子系统。它将全国的国家级、地区级和子地区级研究中心、区域试验站、农业大学、农场科学中心以及其他独立研究项目机构有机地组织起来，建立了财务、人事资源、项目、科研成果等的数据库，实现全国资源快速传递和共建、共享。印度国家农业研究委员会还专门成立了农业研究信息中心，并在各区建有区农业信息中心，它是所有研究项目的信息资源中心。该中心负责把各个研究所研究项目、代表团报告、各种数据资料等全部建立数据库，同时还负责为联合国粮食及农业组织的 AGRIS 和 CARIS 数据库输送印度的农业数据。另外，印度大多数科研机构设有专门的信息中心，这些信息中心组织并积极参加本专业系统数据库的建设及国家系统数据库建设，向本系统的科研机构提供信息服务。

七、中国

中国在感知技术方面，主要有传感器技术和射频识别

(RFID) 技术。传感器是把被测量的信息转换为另一种易于检测和处理的独立器件或设备，在农业的各个领域都有着广泛的应用。RFID技术具有远距离非接触读写、多标签读写、数据可更新、穿透性及环境适应能力强等许多优势，因而成为物联网技术的研究热点。

目前，中国农业专用传感器技术的研究相对还比较滞后，特别是在农业用智能传感器、RFID等感知设备的研发和制造方面，许多应用项目还主要依赖进口感知设备。中国农业大学、国家农业信息化工程技术研究中心、中国农业科学院等单位已开始进行农业专用感知设备的研制工作，但大部分产品还停留在实验室阶段，产品在稳定性、可靠性、低功耗等性能参数方面和其他国家产品还存在不少差距，离产业化推广还有一定的距离。

在传输网络方面，在支撑物联网开发的过程当中，集分布式信息采集、信息传输和信息处理技术于一体的无线传感网络*发挥着重要的作用。随着传统的传感器逐步实现微型化、智能化、信息化以及网络化，无线传感网络正以其低成本、微型化、低功耗和灵活的组网方式、铺设方式以及适合移动目标等优势受到广泛重视。中国也已初步推出了低功耗、自组织的无线传感网络，中国移动、中国电信、清华同方等公司和中国农业大学、国家农业信息化工程技术研究中心、中国农业科学院等科研单位也是中国研发农业无线传感网络的先行者。

在智能信息处理方面，智能信息处理技术以农业信息知识为基础，采用各种智能计算方法和手段使得物体具备一定的智能性。该技术能够主动或被动地实现与用户的沟通，也是物联网的关键技术之一。目前中国研究的农业决策模型、预测预警模型等信息处理技术，大部分还只是停留在论文和测试阶段，尚未形成真正的产品化应用软件和可共享的软件平台。农业智能决策信息处理智能化程度

---

* “无线传感网络”与“无线传感器网络”，因不同文献表述名称不同，二者本身并无差异。——编者注

低、共享度差，缺乏有效的信息载体和集成应用技术，无法实现农业生产问题的实时诊断和协同决策。

尽管中国在农业专用感知设备、传输网络和智能信息处理技术方面与其他国家有一定的差距，但政府的重视和一些重大示范工程的开展使得中国农业物联网的起点并不低，和其他国家基本在同一个起跑线上。

在大田种植方面，中国农业大学 2009 年在新疆建立的滴灌控制系统可以自动监测农作物生长的土壤墒情信息，实现按照土壤墒情进行自动滴灌，从而达到节约农业用水的目的。黑龙江农垦通过开展水稻物联网示范，在农场 122 万亩* 水田安装土温、泥温传感设备、气象设备，通过 3S 和地理信息系统，做到实时监测和提取水稻生长信息，实现水稻种植全程质量可追溯。浙江大学开发和应用无线传感网络系统和智能化管理及控制系统，实现了对土壤水分、养分、温度、湿度和光照等信息的实时监测。东北大学采用基于 ZigBee 技术的无线传感网络与通用分组无线服务（GPRS）网络相结合的节水灌溉控制系统，能根据土壤墒情和作物用水规律实施精准灌溉，有效地解决了农业灌溉用水利用率低的问题。

在设施园艺方面，北京农业信息技术研究中心与北京市各区农村工作委员会合作，以设施蔬菜、花卉的生产为切入点，积极开展设施农业信息化的试验示范。在北京大兴、通州、顺义、昌平等 8 个区的规模设施农业生产基地集中应用了一批具有自主知识产权的信息化与物联网技术产品，建设了基于生物环境感知技术、低成本无线宽带传输技术和智能反馈控制技术等的设施农业生产远程指导、设施环境综合调控，肥、水、药智能投入等信息化综合应用系统。以北京市大兴区采育镇鲜切菊花生产基地为例，该基地占地面积 400 余亩，拥有日光温室 200 栋。该基地通过安装网络型温室环境智能控制系统，对温室内温度进行实时监控。农民根据温度变化

---

* 亩为非法定计量单位，1 亩＝0.067hm^2。——编者注

随时调整用煤量，保持菊花生长的最佳温度，避免了原来的盲目加温。该基地采用网络型精准灌溉管理系统，用水量节省了69%，170栋温室年可节水1.4万吨；采用精准施肥系统，提高肥料利用率10%左右，年节约化肥资金1.5万元；通过精准施药系统，节省农药20%，年节约农药费用1万元左右；安装的温室娃娃系统，集成了基地高级技术人员掌握的菊花管理关键技术，可以根据菊花不同生长阶段对温湿度的需求，自动提示农民进行通风、加温等操作，实现了菊花生产的有效管理控制。

在畜禽养殖及水产养殖方面，江苏省走在了全国前列。如东众大牧业养鸡场应用智能化监测控制系统后，养鸡场用工量减少35%，减少鸡场环境应急反应95%以上，养鸡成活率由93%提高到了98%以上，经济效益提高了20%以上。东南大学针对规模化畜牧养殖中畜禽舍环境监测难的问题，设计开发了一套基于无线传感网络的畜禽舍环境监控系统，可将畜禽舍环境参数控制在设定的范围，促进动物健康成长。2010年，宜兴市农林局与中国农业大学联合研发的水产养殖环境智能监控系统，具有数据实时自动采集、无线传输、智能处理、预测预警信息发布和辅助决策等功能，可实现对河蟹养殖池水质特别是溶解氧的监控与调节，有效改善河蟹生长环境，提高河蟹产量和品质，并减少对周边水体环境的污染。每亩增收1 000元，目前示范面积已达到10 000亩。

在农产品质量和安全溯源方面，针对农产品的特点，研究主要集中在产品标识技术、多源信息采集、综合辅助决策、大数据应用等方面。在产品标识技术方面，研究人员对一维条码、二维条码、RFID等标识技术进行了大量对比研究，并深入分析了基于生物特征的产品标识技术的应用潜力。在多源信息采集方面，研发低成本、低耗能和部署灵活的信息采集装置成为重点方向。在综合辅助决策方面，基于实时监测的预报预警系统和人工智能决策逐渐成为可能。2017年6月，农业部宣布上线“国家农产品质量安全追溯管理信息平台”，这标志着中国农产品向全程可追溯迈出了重要一步。

总体分析认为，中国的农业物联网应用还处于发展初期，与其他国家几乎同时起步。但广泛的应用表明中国农业物联网正在进入快速发展期，具备一定的基础。中国农业物联网的应用基本上是政府开展的示范工程或项目，产业化程度还很低。因此，加快物联网技术在农业中的应用，以应用促产业、以产业促发展是中国农业物联网发展的重中之重。

第三章　大田种植物联网

第一节　概　　述

一、概念

大田种植物联网是物联网技术在大田农业产前、产中和产后环节上的具体应用，是物联网技术和产品与大田生产、经营、管理和服务的深度融合。大田种植物联网是指通过信息感知设备，按照约定协议把农作物、环境要素、生产工具等物理部件和各种虚拟“物件”与互联网连接起来，进行信息交换和通信，以实现对大田农业对象和过程智能化识别、定位、跟踪、监控、管理的一种网络。大田种植物联网可以帮助农业相关人员以更加精细和动态的方式认知、管理、控制大田种植中各要素、各过程和各系统，极大地提升对农业植物生命本质的认知能力、农业复杂系统的调控能力和农业突发事件的处理能力。

大田种植物联网是对传统大田农业的升级改造，通过感知技术实时采集农作物生长和周围环境关键信息，通过有线或无线传输技术进行快速传出，利用农业知识规则模型对数据进行处理、分析和决策。进而对大田农业生产进行实时管控，最终实现大田农业的高产、高效、生态安全。本章重点介绍物联网在农田环境监测、作物生理监测、水肥一体化等领域的关键技术，最后通过具体案例讲解，以使读者对大田种植物联网有全面的认识。

二、主要内容

大田种植物联网技术体系：基于物联网感知层、传输层和应用层的架构。依据大田农业生产特点，大田种植物联网主要包括种植业物联网感知层、种植业物联网传输层、种植业物联网服务平台和种植业物联网应用层内容（图 3-1）。

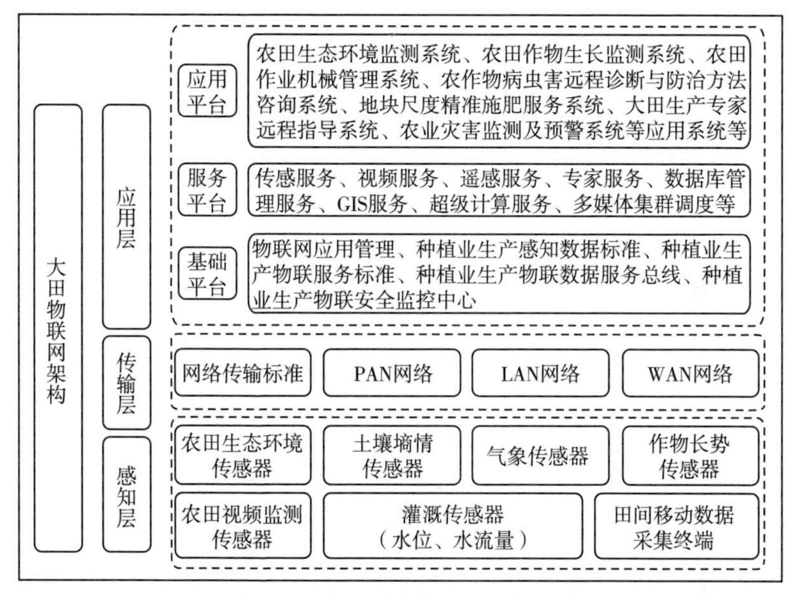

图 3-1　大田种植物联网总体架构

（一）种植业物联网感知层

主要包括农田生态环境传感器、土壤墒情传感器、气象传感器、作物长势传感器、农田视频监测传感器，灌溉传感器（水位、水流量），田间移动数据采集终端等。重点实现对大田作物生长、土壤状态、气象状态和病虫害的信息采集。

（二）种植业物联网传输层

主要包括：网络传输标准、PAN 网络、LAN 网络、WAN 网络。通过上述网络实现信息的可靠和安全传输。

（三）种植业物联网服务平台

种植业物联网服务平台服务架构体系，主要分成3层架构：基础平台、服务平台、应用系统。基础平台为物联网应用管理、种植业生产感知数据标准、种植业生产物联服务标准、种植业生产物联数据服务总线、种植业生产物联安全监控中心。服务平台为传感服务、视频服务、遥感服务、专家服务、数据库管理服务、GIS服务、超级计算服务、多媒体集群调度、其他服务。应用系统为农田生态环境监测系统、农田作物生长监测系统、农田作业机械管理系统、农作物病虫害远程诊断与防治方法咨询系统、地块尺度精准施肥服务系统、大田生产专家远程指导系统、农业灾害监测及预警系统等应用系统。

大田种植物联网囊括作物种类有水稻、小麦、玉米、棉花、果树、菌类等，应用模式包括智能灌溉、土壤墒情监测、病虫害防控等单领域物联网系统，也涵盖育苗、种植、采收、仓储等全过程的复合物联网系统。通过应用这些物联网模式，可以实现对气象、水、土壤、作物长势等的自动感知、监测、预警、分析，实现智能育秧、精量播种、精量施肥、精准灌溉、精量喷药、精准作业、精准病虫害防治，从而有效降低成本，大幅提高收益。

第二节　关键技术

一、大田环境自动监测

农田环境的测控是支撑精准农业技术的关键，实时、方便、有效地采集农业环境参数是实现精准农业的重要基础。农田环境监测系统主要目的是实现光照、温度等气候指标以及土壤和水分等信息的自动监测和远程传输。农田环境物联网监测主要包括感知层的农田环境感知技术、传输层的数据传输技术，以及应用层的信息分析决策技术。其中，农田生态环境传感器符合大田种植业专业传感器标准，信息传输依据大田种植业物联网传输标准。根据监测参数的集中程度，可以分别建设单一功能的农田墒情监测标准站、农田小气候监测站和水文水质监测标准站。也可以建设规格更高的农田生态环境综合监测站，同时采集土壤、气象和水质参数。监测站采用低功耗、一体化设计，利用太阳能供电，具有良好的农田环境耐受性和一定防盗性。农田环境监测主要有 3 个方面的技术。

（一）大田环境信息采集技术

指用来采集气象因子信息的各种传感器，主要包括：雨量传感器、空气温度传感器、空气湿度传感器、风速风向传感器、土壤水分传感器、土壤温度传感器、光照传感器等。

（二）数据传输技术

无线传输模块能够通过 GPRS 无线网络，将与之相连用户设备的数据传输到互联网中任何一台主机上，可实现数据远程的透明传输。

（三）设备管理和控制技术

执行设备是指用来调节农田小气候的各种设施，主要包括：二氧化碳生成器、灌溉设备。控制设备是指掌控数据采集设备和执行设备工作的数据采集控制模块，主要作用为通过智能气象站系统的设置，掌控数据采集设备的运行状态，根据智能气象站系统所发出的指令，掌控执行设备的开启与关闭。

数据采集器有 15～16 个数据通道，由多路开关分时选通，完成空气温度、空气湿度、光辐射、地面风速以及土壤热通量等气候信息的采集。大田种植物联网中心基础平台上，遵循物联网服务标准，开发专业农田生态环境监测应用软件，给种植户、农机服务人员、灌溉调度人员和政府领导等不同用户提供互联网和移动互联网的访问和交互方式。实现天气预报式的农田环境信息预报服务和环境在线监管与评价。

二、作物生理监测

农作物地上部叶片的光合速率、呼吸强度、蒸腾速率以及地下部根系对养分和水分的吸收、运输与转化状况等生理功能信息，是人们判断作物群体与个体生长发育是否正常的基本依据之一。这需要采用各种特殊的仪器或传感器来取得，而其具有的时间与空间分布特征则需要用多传感器技术。

（一）信息监测技术

1. 图像传感器

农田作物的形态结构特征可以通过野外安装的与计算机联机的摄像机采集作物群体和个体的形态结构信息，以便对病、虫、草害和栽培措施等进行模式识别，也可以获得作物生长发育的状态信息。为了能立体观察物体，可以使用 2 台摄像机或采用镜面反射的方式获得三维结构信息。

2. 光谱传感器

反射光谱包含了丰富的物质结构及其组成信息。通过测定作物群体和个体的反射光谱，可以获得作物生育阶段信息和叶绿素之类的各种色素、蛋白质、淀粉等物质含量的信息，同时也可以测定作物的生物产量与经济产量。作物病虫害的发生规律也可以通过其作物冠丛表面的反射光谱进行观察监测。在田间安装与计算机联机的可见光、近红外光分光装置，可以实现波长在 0.4～2.5 μm 连续扫描、定时扫描。由于要求太阳的高度角必须达到一定的高度，在测量时间上要求在上午 9:00 至下午 2:00 进行，可以实现准确的遥测数据采集。

3. 生理信息传感器

作物的产量与生理活动，如光合速率与呼吸速率、田间温度、光照强度等的变化关系密切，采用光合测定仪等生理信息采集系统，可以实现随时观测田间作物生理信息的变化。

（二）信号调理技术

农田生物信息经过信息检测系统检测后，其信息负载到具有某种能量（如光、电、热、声、磁等）的模拟量上即为模拟信号。模拟信号被计算机采集以前需要进行调理，提高信噪比。信号调理系统包括：滤波器、积分器、调制解调器、锁相放大器和厢车式积分器等。

（三）计算机硬件系统

1. 接口电路

信息采集仪器可以通过仪器内置式微机的接口电路，将模拟信号转变为计算机所能识别的数字信号，通过电缆送入计算机并存入其中。接口电路都是标准口，可以直接采用。数据经过计算机处理后，还要通过接口电路送往各个终端以供农业生产者用来指导生产。

2. 计算机

计算机是信息采集控制、信息处理的中心部件，要求该计算机有很高的运算速度、很大的内存以及多媒体功能，以满足图形、图像处理等功能的需要。同时，要设计适应多种信息采集的中继和实时控制以及多通道的输入输出控制。

3. 计算机输入输出设备

计算机输出设备（如显示器、打印机）的主要作用是将计算机各种信息的处理结果传递给用户，以便用户决策。计算机输入设备（如键盘、图像扫描仪等）可以向计算机输入处理信息的程序和信息，以及各种专业知识和田间暂时还不能采集到而必须由室内工作来完成的信息的采集。

（四）软件部分

农田生物信息采集与处理系统通过信息检测系统检测到的各种信息，经过 A/D 转换器转换成能被计算机识别的数字信号，并以文件的形式存储到计算机的存储设备中。由于这些图谱、图像信息拥有复杂的背景，还需要用各种软件来实现对有用信息的处理与提取。

1. 信息预处理软件

常见的波谱信息数据预处理方法有：数据平滑法、图谱叠加平均法、厢车式平均法、傅里叶变换滤波法、小波变换等。根据以上方法编制的软件对于原始图谱中高频随机噪声的去除或降低都有明显的作用。对于图形、图像信息，可根据对比度增强法、非线性灰度变换法和直方图平坦化法编制预处理软件，应用移动平均法、中值滤波法编制软件消除或降低图像中的随机噪声。还可以校正辐射量畸变和几何畸变，使图像质量得到改善。

2. 信息提取软件

原始数据与图像信息经过预处理后，图谱和图像质量得以改善，为信息提取做好了准备。弱信息提取软件采用的技术有计算机差谱技术、计算机导数技术等。多元信息提取软件采用的方法包括：逐步回归分析（SRA）法、主成分回归分析（PCR）法、偏最小二乘（PLS）法等。计算机图像处理纹理特征信息，也是利用逐步判别法、主成分分析法、聚类分析法等来实现。

3. 信息综合处理、模拟和优化软件

通过对农田生物信息的综合处理，可以发现农田生态系统更深层次的内容。根据需要，开发信息综合处理、模拟和优化软件，以便实现农田管理措施的优化。

三、激光平地技术

激光控制平地技术利用激光作为非视觉控制手段，控制与之配套的机械设备，能够大幅度提高作业效率和农田的平整精度。用它平整土地，相对平整误差仅为 2～5 cm，可实现节省灌溉用水 30％以上。

激光控制平地设备由激光发射器、激光接收器、控制器、液压系统和铲运机具 4 部分组成。激光发射装置是一个由电池驱动的激光发生器，在田面上空产生一个激光平面作为平整土地作业的参照，来替代常规土地平整方法中利用地面高程测量得到的、由不连续网格点构成的平整作业基准面。根据需要，激光发射装置可分为单一零坡度控制（平地参照面为水平面）和任意坡度控制（平地参照面为倾斜平面）两种类型。激光接收装置是垂直安装在平地铲运设备桅杆上的信号接收器，主要接收来自激光发射器的信号，确定平地参照面与接收器中心控制点瞬间的相对距离。控制器根据激光接收装置传递的调整信息，自动控制液压系统不断地上下调节行进中的平地铲运刀口，完成田面挖填方工作。平地铲运设备由铲运机具和液压升降系统构成，激光控制平地作业时，一旦铲运机具刀口的初始位置根据平地设计高程确定，无论田面地形如何起伏，受激光发射和接收系统的影响，控制器经液压升降系统将铲运刀口与平地参照面间的距离保持在某一恒定值，土地平整的精度很高（图 3－2）。

图 3－2 激光平地作业现场

（一）激光控制面建立技术

工作时，由电子发光管发出对人体安全的激光束，在微电机驱动下以每分钟 600～900r 的速度旋转，在田面上空形成激光控制平面，为整个作业场地提供一个恒定的基准参照面，不受作业面平整作业活动的影响和干扰，代替常规平整作业中操作人员的目测判断和不连续的人工测量点构成的参照面。

（二）平整作业技术

安装在平地铲上端伸缩杆上的激光接收器，与铲运刀口的位置相对固定。激光控制平整作业时，从激光空间平面到铲运刀口之间这段距离即为标高控制基准。一旦铲运刀口的初始位置根据平整设计高程确定后，无论作业面的地形如何起伏，受激光发射与接收系统的影响，控制器始终通过液压系统将铲运刀口与激光控制平面保持恒定距离 r。激光接收器将检测到的激光信号即时发送给控制器。当铲运刀口位置处的地面高程高于设计高程时，激光接收器感应到的刀口与激光控制平面间的距离小于 r 值，则控制器通过液压系统迫使铲运刀口下降直到激光平面与刀口间的距离恢复至 r 值。刀口下降后刮平高地，并将土方载入铲运机具内，以供填方之用。当铲运刀口位置处的地面高程低于设计高程时，铲运刀口与控制平面间的距离大于 r 值，这时控制器经液压系统指令使铲运刀口抬升，卸掉装运的土方，填埋田间洼地。只要根据被平地块情况将铲运刀口的初始高程确定后，由拖拉机牵引铲运机具即可在田块内按一定行进规律做往复运动，逐步完成对整个地块的自动平整作业。

四、水稻智能催芽

水稻智能催芽利用信息化的技术和产品调控水稻浸种、催芽和晾芽环节的温度、湿度、氧气，为水稻生长发芽提供最佳的生长环境。水温条件对水稻芽种发育影响非常大。为了精准有效地测量水稻催芽过程中的温度值变化，需要对水稻在浸种、破胸、催芽 3 个不同阶段进行监测，按照水稻在不同阶段的需求进行综合分析，从而有效地提高种子发芽率（图 3－3）。水稻智能催芽主要关键技术包括恒温浸种技术和变温催芽技术。

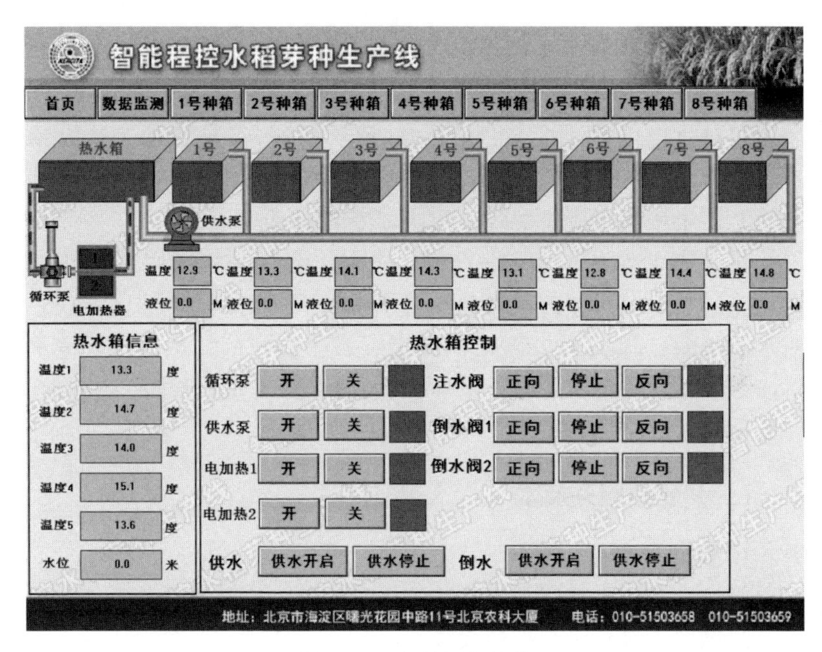

图 3-3　水稻智能催芽

（一）恒温浸种技术

把精选后的种子灌入透水性好的纱网袋，每袋灌装25～35 kg，装满袋子容积的66.7%即可，给袋内种子留出膨胀空间。可用不同颜色纱网袋区分不同品种，并附上防水的品种标签说明。在进行码垛装箱时，尽量把同一品种的纱网袋装入同一箱内。但包衣和未包衣的种子必须分别装袋、分箱码放。注意轻拿轻放，避免划破网袋。码垛形式为“井”字垛，垛和箱四周留有10 cm的距离。码垛尽量平整，并低于箱上口20～30 cm。在码放种袋的同时，要在不同的位置均匀放置感温探头6～8个，便于检测浸种温度。

将11～13℃浸种消毒药水注入浸种箱内，进行种子消毒和浸种。已经包衣的种子，直接注入 11～13℃的清水即可。水层以没过种子 20 cm 为宜。调整控制系统使浸种箱水温控制在浸种标准水温 11℃，设定温度上限值 12℃、下限值 10℃。当水温高于 12℃时加热停止，当水温低于 10℃时加温系统自动工作，开始加温。

浸种进程检查针对不同水稻品种每日进行浸种期种子状态检查，正常状态下种子恒温浸泡 7～10d。通过人工检测，种子折断无白芯，手指碾后成粉末状，即达到浸种标准。

排水或清洗未包衣的种子。由于同期采取药剂浸种措施，需在浸种完毕后，利用循环水泵排出浸种箱里的药水。加入 11～13℃清水清洗 2～3 遍，洗净浸种时附着在种子表面的药剂，然后将水排净，准备进入催芽阶段。已经包衣的种子可以直接排净浸种水，开始催芽。

（二）变温催芽技术

1. 循环加温

对加入的清水采用催芽系统的加温装置进行加温，并通过外循环水路循环，将水温升高到 32℃。

2. 高温促破胸

当水温达到 32℃时，将温度自动控制系统调整到 32℃（上限值 33℃，下限值 31℃），进入正常催芽喷淋工作状态。喷淋水温标准控制在 32℃，保持 10～12h，促使种子早破胸。

3. 适温催芽

利用温度控制系统将水温调整为 25～28℃进行催芽，保证催芽时期的温度要求，同时控制种箱内种子的自身升温。采取适温水喷淋措施，能保证种箱内部温度一致，防止出现烧种现象。催芽时间 10～12h，待芽根成“双山”形即可，长度以不超过 2 mm 为宜。

五、测土配方施肥

测土配方施肥就是依据土壤养分状况、作物需肥规律和目标产量，调节施肥量，氮、磷、钾比例和施肥时期，达到提高化肥利用率、最大限度地利用土地资源、以合理的肥料投入量获取最高产量和最大经济效益、保护农业生态环境和自然资源的目的。测土配方施肥系统就是将不同空间单元的产量数据与其他多层数据（土壤理化性质、病虫草害、气候等）的叠合分析作为依据，以作物生长模型、作物营养专家系统为支持，以高产、优质、环保为目的的变量处方施肥理论和技术。测土配方施肥是信息技术（RS、GIS、GPS）、生物技术、机械技术和化工技术的优化组合，按作物生长期可分为基肥精施和追肥精施，按施肥方式可分为耕施和撒（喷）施。按精施的时间性分为实时精施和时后精施。

测土配方施肥的关键技术主要包括地力评价和农田养分管理技术。根据施肥区域的土壤养分空间变异规律，实现土壤养分测试和作物营养诊断的精准。施肥处方制作及施肥推荐系统要筛选适宜的施肥模型实现施肥决策的合理，并采用合理的施肥方式实现肥料施用的精准化，具体技术如下。

（一）农田土壤肥力评价和管理技术

基于土壤类型和养分分布规律，制定土壤采集密度和布点格局。通过空间差值技术，获得土壤肥力空间分布情况，构建土壤肥力空间数据库。然后利用土壤肥力指数模型获得每个小区的土壤肥力，利用地理信息系统（GIS）技术进行查询和管理，为不同尺度的耕地资源管理、农业结构调整、养分资源综合管理和测土配方施肥指导服务。

（二）作物模型和专家系统技术

作物模型和专家系统的核心内容，一是提供作物生长过程模拟、投入产出分析与模拟的模型库。二是提供支持作物生产管理的数据资源的数据库。三是提供作物生产管理知识、经验的集合知识库。四是提供基于数据、模型、知识库的推理程序人机交互界面程序等。作物模型和专家系统技术是从实施精准农业自动变量施肥作业的实际需求出发，建立田间土壤信息、施肥情况、作物产量等地理信息图层，进行专题分析与施肥决策；建立变量施肥专家系统，对采样、测土获得的土壤有机质和氮、磷、钾等进行施肥决策，获得每个操作单元的施肥量，进行土壤养分空间变异研究；采取克里格插值算法，生成图形平滑、结果准确的土壤养分空间变异分布图，为精准施肥提供可靠的数据基础，使变量施肥的基础数据具有可靠性。变量施肥专家系统具备数据的录入、数据的维护和更新、数据的查询和检索及统计等功能。

（三）差分全球定位系统（DGPS）与决策分析系统

差分全球定位系统（DGPS），无论是田间实时土样分析，还是精确施肥机的运作，都是以农田空间定位为基础。全球定位系统（GPS）为精确施肥提供了空间精确定位的基本条件。GPS 接收机可以在地球表面的任何地方、任何时间、任何气象条件下至少获得 4 颗以上的 GPS 卫星发出的定位与定时信号。而每一个卫星的轨道信息由地面监测中心精确监测，GPS 接收机根据时间和光速信号通过三角测量法确定自己的位置。由于卫星信号受电离层和大气层的干扰，会产生定位误差。美国提供的 GPS 定位误差可达100 m以上，为满足精确施肥或精确农作需要，为 GPS 接收机提供差分信号即差分全球定位系统。DGPS 除了接收全球定位卫星信号外，还需接收信标台或卫星转发的差分校正信号，以满足定位精度的要求。决策分析系统是精确施肥的核心，决策分析系统包括地理信息系统（GIS）和模型专家系统两部分。

GIS 用于描述农田空间属性的差异性。作物生长模型和作物营养专家系统用于描述作物的生长过程及养分需求。只有 GIS 和模型专家系统紧密关联，才能制定出切实可行的决策方案，这也是当前国内外 GIS 集成的研究热点之一。在精确施肥过程中，GIS 主要用于建立土壤数据、自然条件、作物苗情等空间信息数据库和进行空间属性数据的地理统计、处理、分析、图形转换和模型集成等。作物生长模型将作物及气象和土壤等环境作为一个整体，应用系统分析的原理和方法，综合大量作物生理学、生态学、农学、土壤肥料学、农业气象学等学科的理论和研究成果，对作物的生长发育、光合作用、器官建成和产量形成等生理过程与环境和技术的关系加以理论概括和数量分析，建立相应的数学模型。它是环境信息与作物生长的量化表现。通过作物生长模型，我们可以得出任意生长时期作物对土壤生长环境的要求，以便采取相关的措施。测土施肥目标产量模型计算的施肥量相对较准确，以作物生理机理为基础的作物营养模拟模型还有待进一步发展和提高。

通过 GPS 获得任意接收点的空间位置坐标数据，并进行精准多变量施肥机的测时、测速，为 GIS 提供实时、动态、精确获取空间位置的重要数据源。GIS 用来管理和应用由 GPS 获取的施肥机空间位置数据，由 GIS 实现重要空间数据的处理、集成和应用。田间信息通过 GIS 予以表达和处理，它是构成农作物精准管理空间信息数据库的有力工具。GPS 在精准农业中能够实现施肥机械作业的动态定位，即根据管理信息系统发出的指令，实施田间的精确定位。通过 DGPS 和 GIS 相结合，能够获取农田内空间差异性信息，实现农田空间信息的精细管理。要对农田边界测量和定位采集土样，并将定位数据和属性数据一同输入 GIS 数据库平台中，通过数据处理和空间分析，生成多种农田空间差异信息分布图，利用数字高程模型和神经网络模型，生成定位施肥处方分布图，研制并形成农田空间信息数据库系统。

（四）控制系统

控制系统变量控制。针对自动变量控制现有 2 种形式。一是实时控制施肥，即根据监测土壤的实时传感器信息，控制并调整肥料的投入数量，或根据实时监测的作物光谱信息分析调节施肥量；二是处方信息控制施肥，即根据决策分析后的电子地图提供的处方施肥信息，对田块中肥料的撒施量进行定位调控。由于前者精度较低，因此以研究处方信息（图）控制施肥技术为主。处方信息控制施肥这一形式应用地速信号采集处理技术、电液比例控制技术等，结合施肥处方信息、拖拉机地速信息，通过电液比例控制系统实现多变量施肥控制。

（五）氮、磷、钾肥的多变量排肥技术

现有的颗粒、液体变量施肥机难以实现氮、磷、钾等多元素的在机变量配比，颗粒变量施肥机只能对单一颗粒肥进行施用。开展精准多变量施肥机的研究，不仅能进行复合颗粒肥的变量施肥，还能进行氮、磷、钾等元素的多变量施肥。一次作业只能施单种肥料的变量施肥机不是真正意义上的精准施肥机。不同田块单元对氮、磷、钾等元素的需求不同，一次作业要求氮、磷、钾等肥可以同时分别变量排肥。自动控制变量施肥可以根据土壤特性、谷物产量图、田间大地高程、作物品种、当地的气候条件等，通过专家决策系统，将各变量数据输入到多变量施肥播种机自动控制系统中，实现自动多变量控制施肥。

（六）粉状肥料的防堵塞技术

粉状肥料在输肥管中易堵塞形成断条，影响施肥的均匀性。利用旋转风机的气流将肥料输送到各个排肥口，可以确保粉状肥料的输送可靠、准确，避免堵塞、架空、断条现象的发生。

（七）旋耕、播种技术

为保证有效施肥、播种，需要配套应用旋耕机，以利于肥料、种子进入土壤恰当深度位置和覆土。机械设备施肥的同时要具有旋耕、播种功能，达到一机多用、复合作业。

六、水肥一体化

水肥一体化技术是将灌水与施肥相结合，利用其省工、省水、节肥、精确、高效的优点，促进农业种植高产优质的综合应用技术。应用水肥一体化技术的目的就是灌水施肥，针对不同地区自然

环境特点和不同植物生长需要，其用途的侧重点有所不同：第一类侧重灌水，主要是满足植株蒸腾蒸发耗水，随水施肥次数相对较少，主要用于干旱地区有机作物种植；第二类主要用于施肥，多用于雨水充沛地区和耐旱植物；第三类同时兼顾灌水和施肥，主要用于大棚、温室和旱区大田作物。

（一）土壤和作物生产监测

首先要通过物联网技术和产品掌握土壤含肥力、墒情以及作物长势情况，为制定施肥和灌溉制度提供基础数据。目前水肥一体化灌溉所用的传感器有温湿度传感器、光照度传感器、营养元素传感器等。选用传感器主要考虑其测量媒介、精度等级、测量范围、工作环境等。传感器安装过程中，要严格按照操作要求进行，比如同样是监测土壤水分含量，沙土、壤土中传感器埋设深度就不一样。选用通信方式时主要考虑其现场通讯传输距离、带宽（数据传输能力）、网络规模、功耗等。

（二）灌溉制度拟定技术

灌溉制度拟定要根据作物全生育期需水量与降水量的差值确定灌溉定额、灌水次数、灌水间隔时间、每次灌水延续时间和灌水定额等，还需要考虑土壤墒情、温度、设施条件和农业技术措施等。大棚膜下滴灌用水量比畦灌减少30％～40％，比大水漫灌减少50％以上。

（三）施肥制度拟定技术

施肥制度拟定要根据作物全生育期需肥总量与土壤中养分含量的差值来确定实际施肥量、每次施肥量、施肥次数、施肥时期和肥料品种。同时作物的需肥特性、肥料利用率、目标产量、施肥方式也是决定施肥制度拟定的因素。微灌施肥通常可比习惯施肥量减少30％～50％的肥料用量。

（四）微灌和施肥制度拟定技术

按照作物拟定的微灌制度将肥料同微灌的灌水时间和次数进行合理分配，主要原则就是“肥随水走、分阶段拟合”，注入肥液浓度一般为0.1%。操作上还要注意，要先走水15min左右，再注入配好的肥料溶液，微灌施肥结束后要用不含肥的水清洗清灌管道15～30min，防止堵塞出水口。这样布局的智能水肥一体化滴灌系统可以自动进行，不需要人工控制。

（五）肥料选择智能微灌系统

肥料选择智能微灌系统的滴灌管出水口很小，非常容易被各种微小的杂质堵塞，影响微灌施肥的效果。为此，肥料的选择要注意以下方面：第一，必须是全溶性的肥料，溶于水后无沉淀；第二，肥料的相溶性要好，搭配使用不会相互作用生成沉淀物；第三，施磷肥时尽量通过基肥施入土壤；第四，用微量元素时，应选用螯合态微肥，否则与大量元素肥混合使用时易产生沉淀物。在市场上常用的溶解性好的普通肥料有尿素、硝酸铵、硫酸铵、硝酸钙、硝酸钾、磷酸、磷酸二氢钾、磷酸一铵（工业级）、氯化钾等或选用微灌专用固体肥料。

（六）水源的选择技术

水源的选择不仅要有量的保证，还要有质的保证，特别是对于农田灌溉用水水质所有的基本控制性项目要全部符合质量标准。因为灌溉水的温度、酸碱性（pH）会直接影响化学肥料的溶解性和生物肥料中微生物的生命活性。同时，灌溉水质还会影响土壤的物理性质和化学特性，最终影响作物生长。

七、农业遥感

遥感技术是指从不同高度的平台上，使用不同的传感器，收集地球表层各类地物的电磁波谱信息，并对这些信息进行分析处理，提取各类地物特征，探测和识别各类地物的综合技术。

（一）农业遥感的理论基础

电磁波作用下，会在某些特定波段形成反应物质成分和结构信息的光谱吸收与反射特征，这种对不同波段光谱的响应特性通常称为光谱特性。地球表面各类地物如土壤、植被、水体、岩石、积雪等光谱特性的差异是卫星遥感解译和监测的理论基础。

农业遥感监测主要以作物、土壤为对象，农业遥感技术主要应用如图 3-4 所示。作物在可见光—近红外光谱波段中，反射率主要受到作物色素、细胞结构和含水率的影响，特别是在可见光红光波段有很强的吸收特性，在近红外波段有很强的反射特性。这是植被所特有的光谱特性，可以被用来进行作物长势、作物品质、作物病虫害等方面的监测。土壤可见—近红外光谱总体反射率相对较低，在可见光谱波段主要受到土壤有机质、氧化铁等赋色成分的影响。因此，土壤、作物等地物所固有的反射光谱特性是农业遥感的理论基础。

图 3-4　农业遥感技术主要应用

（二）农业遥感技术

农业遥感技术包括：空间信息获取、遥感数据传输与接收、遥感图像处理、遥感信息提取与分析 4 个部分。

1. 空间信息获取

地球表面地物目标空间信息获取主要由遥感平台、遥感器等协同完成。遥感平台（Platform for Remote Sensing）是安放遥感仪器的载体，包括气球、飞机、人造卫星、航天飞机以及遥感铁塔等。遥感器（Remote Sensor）是接收与记录地表物体辐射、反射与散射信息的仪器。目前常用的遥感器包括遥感摄影机、光机扫描仪、推帚式扫描仪、成像光谱仪和成像雷达。按其特点，遥感器可分为摄影、扫描、雷达等类型。

2. 遥感数据传输与接收

空间数据传输与接收是空间信息获取和空间数据应用中必不可少的中间环节。遥感器接收到地物目标的电磁波信息，被记录在胶片、数字磁带或磁盘存储器上。从遥感卫星向地面接收站传输的空间数据，除了卫星获取的图像数据以外，还包括卫星轨道参数、遥感器等辅助数据，这些数据通常用数字信号传送。遥感图像的模拟信号变换为数字信号时，经常采用二进制脉冲编码的 PCM 式（Pulse Code Modulation：脉冲编码调制）。由于传送的数据量非常庞大，需要采用数据压缩技术。

卫星地面接收站的主要任务是接收、处理、存档和分发各类地球资源卫星数据。地面站接收的卫星数据通常被实时记录到 HDDT（High Density Digital Tape，高密度磁带）上，然后根据需要拷贝到 CCT（Computer Compatible Tape，计算机兼容磁带）、光盘、盒式磁带等其他载体上。CCT、光盘、盒式磁带等是记录、保存、分发卫星数据的最常用载体。

3. 遥感图像处理

遥感图像处理是在计算机系统支持下对遥感图像加工的各种技术方法的统称。遥感图像处理依赖一定的图像处理设备。数字图像处理系统包括计算机硬件和软件系统两部分。硬件部分包括：计算机（完成图像数据处理任务）、显示设备（高分辨率真彩色图像显示）、大容量存储设备、图像输入输出设备等。软件部分包括：数据输入、图像校正、图像变换、滤波和增强、图像融合、图像分类、图像分析以及计算、图像输出等功能模块。

4. 遥感信息提取与分析

遥感信息提取是从遥感图像（包括数字遥感图像）等遥感信息中有针对性地提取感兴趣的专题信息，以便在具体领域应用或辅助用户决策的方法。遥感信息分析指通过一定的方法或模型对遥感信息进行研究，判定目标物的性质和特征或深入认识目标物的属性和环境之间内在关系的方法。

（三）农业遥感技术应用

由于遥感技术具有覆盖面积大、重访周期短的特点，因而主要应用于大面积农业生产的调查、评价、监测和管理，在农业中的应用按内容归纳为4类。

1. 农业资源调查

农业遥感技术用于耕地资源、土壤资源等现状资源的调查以及土地荒漠化和盐渍、农田环境污染、水土流失等指标的动态监测，提供各类农业资源的数量、分布和变化情况以及对调查的各类资源的评价，提出应采取的对策，用于农业生产的组织、管理和决策。

2. 农作物估产

农业遥感技术用于农作物估产包括对小麦、玉米、水稻、棉花等大宗农作物的长势监测和产量预测，也包括牧草地产草量估测、果树长势监测等。

3. 农业灾害预报

利用农业遥感技术进行农业灾害预报，包括对农作物病虫害、冷冻害、洪涝旱灾、干热风等方面的动态监测以及灾后农田损毁、作物减产等损失的调查和评估。

4. 精准农业

农业遥感技术用于精准农业，主要是利用高空间分辨率的卫星数据进行农田面积和分布的现状调查以及针对农田精准化施肥、施药和灌溉进行的农田尺度的作物长势、病虫害和土壤水分等信息的监测。

八、航空施药

农业航空施药是农业航空服务的重要项目（图 3－5）。航空施药作业是在运载作业平台（飞行器）上挂接喷雾装备进行的空中作业。航空施药作业的技术设计体现在航空机型、航空施药关键技术、航空施药配套装备与技术、大型农用飞机的施药关键技术。

图 3－5　农业航空施药

（一）航空机型

航空施药作业主要依靠航空机完成，航空机型是航空施药的关键装备技术。不同运载作业平台的航空施药装备具有不同的技术特点。目前，航空施药运载作业平台主要有 3 种：固定翼式轻型飞机、直升机和小型无人驾驶直升机，技术上也各具特色。

（二）航空施药关键技术

大型农用飞机和无人机的施药关键技术，主要包括飞行高度控制、雾滴飘移、雾滴沉积分布技术。

（三）航空施药配套装备与技术

航空施药配套装备与技术主要体现在GPS航仪、施药自动控制系统以及航空施药作业模型3个方面。

GPS导航设备与技术可以制定施药作业航线图，确定飞机施药飞行线，以避免重喷和漏喷。航空喷嘴实现雾滴可控、流量大且不易堵塞、喷头数少且低量喷雾，提高航空作业效果的同时，最大化降低环境污染。雾滴飘移监测、雾滴沉积量评估、雾滴图像处理系统等传感器的开发与使用，是优化航空施药技术应用效果的关键。

典型的航空施药液力喷嘴是CP喷嘴（直线喷嘴）系列，多头CP喷嘴可以提供多种孔径。飞行员可以在飞机起飞前，通过旋转喷嘴座来改变喷量，以及通过快速调节喷杆，让喷嘴角度向前或向下改变，进行喷洒方向和喷幅的调节。

旋转式离心雾化喷嘴主要用于低量施药，它的特点是可通过调节旋转速度控制雾滴直径；它是大流道结构，不易堵塞，适合可溶性粉剂和悬浮剂等药液的喷洒作业。

对于航空飘移预测模型，最早的模型是用于研究天气因素、蒸发情况和冠层穿透对沉积分布的影响的，从而制定洒施作业方案和对环境风险进行评估。模型进一步发展，用户可以输入喷嘴、药液、飞机类型、天气因素等项目，通过调用内部数据库，预测可能产生的飘移。航空飘移预测模型已经越来越完善，能够实现有效、准确预测的范围不断扩大，还通过与地理信息系统的结合，达到优化喷施策略、减少农药飘移损失的目标。

九、农机管理

农机管理数字化指挥调度以 3S 技术为核心，通过农机信息平台全方位展示农机管理信息。使用者借助互联网登录，可以随时查询到当前的农情及农业生产、农机作业的相关资料和进展情况。管理人员可以借助该系统做到网上调度机车、网上核算作业费、网上传递农机新信息、网上测量面积、网上检查作业质量等，具有指挥科学、服务快捷的特点。农机调度管理模式见图 3-6。

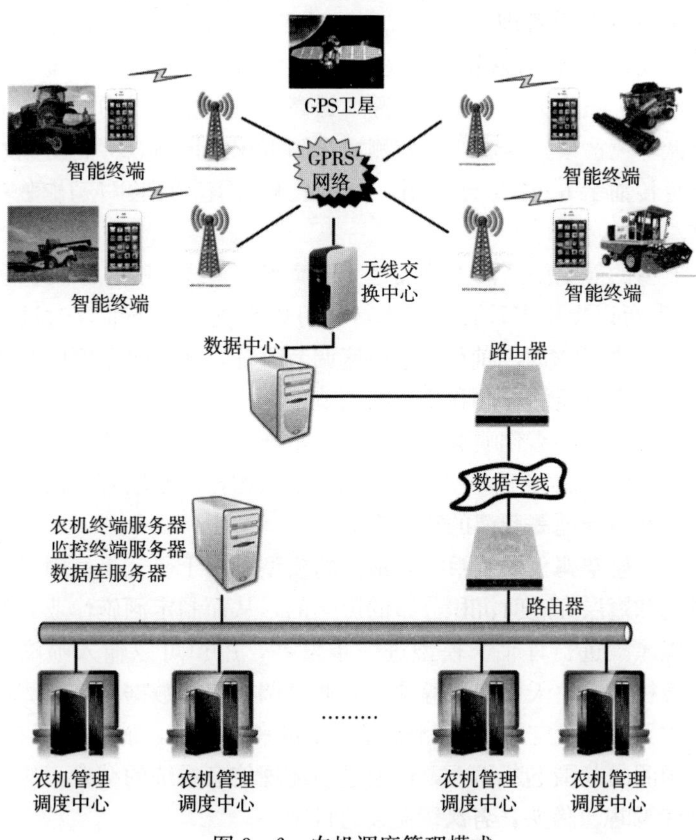

图 3-6　农机调度管理模式

（一）农机信息管理模块技术

该技术为用户提供农机作业地理信息、耕地信息和农机维修信息，并对不同区域农机信息进行综合管理，实现区域内和跨区作业农机信息的全覆盖、交互和无缝对接。

1. 农田遥感资料系统

以卫星高分辨率全色遥感农区地图为基础，经过地面定点测量、几何核准后，获取农场企业的各种地面信息，包括农田地块、道路、水利、林地、水库、住宅区等详细地面位置空间信息，便于总体区划和生产管理。

2. 农田地理信息系统

在遥感地图的基础上，建立农田地理信息系统。只要把以前各年度地号档案输入计算机，就可在计算机上查询到某一地号的基本情况（以前录入过的年度施肥、施药、轮作及各年度种植作物品种及产量等）及其所处的地理位置，便于管理人员查询地号详细信息。

（二）农机作业管理技术

该技术对农机当前作业情况进行监控，并根据作业订单、服务区内作物分布与生长情况以及农机具作业能力，对机具进行分配调度。根据输入的农机订单信息，通过平台内置的农机资源时空调度模型，即可生成农机调度最优路线图。

1. GPS 动态跟踪系统

在作业机车上安装 GPS，利用电显系统报出 GPS 接收机的位置（经度、纬度、高度）、时间和运动状态（速度、航向），并及时反馈到农机指挥系统。这样不仅便于内部管理人员及时进行调度，而且还可以通过互联网查询机车当前的作业田块、作业方向、作业速度。

2. 视频远程监视系统

该系统主要包括两方面功能：一是在指挥中心架设可调焦红外线昼夜监视摄像头，各级农机管理人员可通过互联网看到农机中心的情况，利于管理和防火防盗；二是在作业机车上安装无线视频装置，可查看作业机车的实时作业情况。

3. 机车统一调度系统

把农场所有机车的基本信息（拥有的农机具、驾驶员的作业特长、机车适应作业项目、机车当前位置等）输入系统。当选派机车时，只要输入作业项目即可进行配套查询，便于机车的调度。

（三）农机信息统计查询技术

该技术要求建立和实时更新农机具数据库。这样不仅方便用户快速获取服务区内机具型号、数量、使用时间、维修信息、分布情况等信息，而且通过科学的分析方法，综合考虑作物情况、作业面积、路途油耗、人机成本和机器损耗等多种因素，计算总利润和投入产出比，为用户提供科学合理的多目标决策方案。同时也为农机监管和服务部门准确拥有农机分布、增长趋势、农业机械化程度、农机效益信息，管理各农机的农事活动，及时了解各地对农机的需求情况提供便捷途径。

1. 机组作业核算系统

通过建立作业费核算中心数据库，实现作业费核算自动运算功能。作业区把每天的作业费核算录入到微机后，数据库会自动运算出机车作业量、作业收入、耗油等，并可实现逐次累加。将作业费从种植户账户中减出，从而实现了网上核算、无纸化办公。种植户可随时在网上查询预存作业费剩余情况，有农机户可随时在网上查询机车盈亏情况。

2. 农田作业进度统计

作业区工作人员把当前农情统计与生产进度信息输入农机中心数字化网络系统中，农场企业领导和工作人员在任何地方都可登录互联网，及时掌握企业农情进度，便于指挥农业生产。

3. 农机管理网络系统

把农机管理的基础资料输入系统内，主要包括驾驶员档案信息、机车档案信息、农机具信息等农机管理历史资料，实现档案数字化管理。

4. 环境数据远程采集

利用无线传输和室内计算机，可以看到农区范围内某一区域的自然环境情况（温度、湿度等），并形成记录，以精准发展保护地栽培。

5. 机具田间作业标准系统

把各类农机具田间作业标准输入系统，而有农机户与种植户只要输入作业项目，即可查询到作业项目的田间作业标准以及检查方法。

6. GSM 短信群发系统

通过建立 GSM 的短信群发通信系统，实现网上短信群发，有农机户通过本人手机就可获知农场的新动态和新情况。

7. 油料及零件价格

驾驶员在网上可查询油料供应地点、零件供应地点以及油料、零件的价格、数量、型号等基础信息，以方便驾驶员购油、购件，实现价格网上公开。

8. 农机运用经验交流

把企业现有车型常见故障的排除方法信息输入系统内，当机车发生故障时，只要输入故障现象即可获得故障产生的原因和排险方法。把农机技术人员提供的一些新技术、新技改、新经验输入系统内，方便有农机户查询。

9. 机车维护保养信息输入

把企业现有车型的保养内容输入本系统，有农机户通过该系统可以查询到机车定期保养应做哪些部位，这些部分保养如何操作。还可上传机车保养的影视资料，使驾驶员查询时能够更加直观、生动地了解机车保养方法。

十、变量施肥技术

变量施肥的原则是在充分了解土地资源和作物群体变异情况的条件下，因地制宜地根据田间每一操作单元的具体情况，精细准确地调整肥料的投入量，获取最大的经济效益和环境效益。变量施肥涉及农田网格划分、农田信息获取、农田信息管理与处理、变量施肥决策分析、变量施肥实施五大主要技术环节（图 3-7）。

图 3-7　变量施肥技术现场应用

（一）农田网格划分

在 GPS 和 GIS 的技术支持下，变量施肥要求把大田块细化为小田块（网格），按网格收集、存储、分析田间状态信息和作物信息。根据这些信息的差异性作出施肥决策，并有针对性地加以实施。

（二）农田信息获取

快速、有效地获取影响作物生长的空间变量信息，是实践变量施肥的重要基础。农田信息获取是指通过一定方式得到农田位置和土壤养分含量及病、虫、草害等信息的方式。目前农田信息获取主要有传统田间采样、田间 GPS 采集、智能农机作业和多平台遥感获取等方式。

（三）农田信息管理与处理

农田信息管理与处理是指将农业活动所涉及的地理信息、产量信息、作物信息等多源性、多样性的数据通过 GIS 平台来建立农田管理系统，以实现对多源、多时相的农田信息进行有序管理和分析，这是变量施肥实施的基础。同时，由于目前采集的农田信息大部分以点状方式存在，不能满足变量施肥的需求，一般需要通过插值方法将点状信息转换为面状信息，以满足变量施肥的需要。

（四）变量施肥决策分析

决策分析系统是变量施肥的核心，直接影响变量施肥的实施效果。决策分析系统包括地理信息系统（GIS）、作物生长模型和土壤养分专家决策分析系统。地理信息系统（GIS）用于描述农田空间属性的差异性，作物生长模型用于描述作物的生长过程以及养分需求，土壤养分专家决策分析系统用于对土壤养分含量及平衡作出决策，并以施肥处方图的形式通过读卡器存入 FLASH 数据卡。

（五）变量施肥实施

变量施肥实施就是使用变量施肥机根据施肥方案或施肥处方图进行施肥的过程，是变量施肥的实现环节，核心为变量投入技术。目前，变量施肥的控制方式主要有两种：一是实时控制施肥。即通过传感器实时测量农田信息，计算机控制系统根据所采集到的信息，即刻计算出该区域的作业量进行变量投入。二是处方信息控制施肥。即事先把决策分析后的处方图存储在计算机中，通过 GPS 获得位置信息，在不同区域实施不同的作业量，这是当前国内外研究应用最多的方式。

第三节　应用模式

一、棉花精准生产物联网技术应用

棉花生产过程包括生产与种植管理、质量检验与加工、仓储运输与销售等环节。通过现代物联网技术的推广与应用，可以提升棉花产销行业各个环节的交互、通信，提高生产管理效率。

以新疆生产建设兵团棉花精准生产农业物联网应用示范工程为例，新疆生产建设兵团六师 105 团基地面积为 1 万亩，主要种植的棉花品种为新陆早 48 号。目前，兵团建设了自动化灌溉泵房 3 个，实行 9 000 多亩农田灌溉自动化控制；安装了 GPS 导航设备的播种机 11 台，车载终端 100 个；建设了占地 150m² 的监控中心 1 个，服务器 3 台，棉田监控设备 3 套，农田水分、温度采集点 20 个，棉花叶面温湿度、茎秆变化传感器 6 套，灌溉管网压力水质监测点 6 个，机井能效监控点 6 个，大田水肥自动控制设备 6 套。

棉花精准生产物联网技术主要应用在灌溉、施肥、农情监测、农机作业、区块链与仓储追溯环节，技术路线如图 3-8 所示。

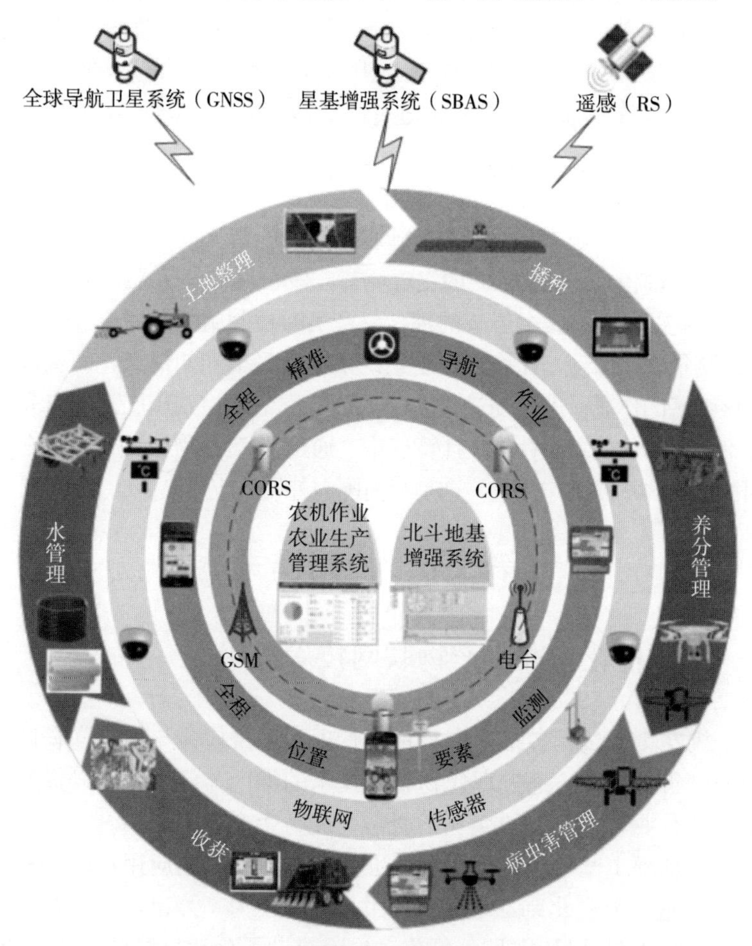

图 3-8　棉花物联网技术拓扑结构

（一）棉花精准灌溉自动化控制与智能化管理物联网系统

针对新疆生产建设兵团六师105团的实际情况，构建万亩基于物联网技术的棉花精准灌溉自动化控制与智能化管理物联网系统，结合首部控制器、阀门控制器、田间气象站等相关设备和单位实现示范区内墒情信息感知、墒情预报、灌溉决策、气象信息发布和信息服务等功能。该系统包括智能感知层，无线传输层和平台应用层。软件部分包括通信后台、管理后台和信息展示前台，基于B/S架构（浏览器/服务器架构）开发，可以实现农田墒情信息感知、墒情预报、灌溉决策、灌溉监测、农田生产管理等功能。运用农业物联网技术，系统实时监测农田土壤墒情信息，展示土壤墒情动态变化特征。结合可测定的气象信息，根据土壤墒情预报模型，实现对棉花耕作层土壤水分的增长和消退规律的预报。基于土壤墒情预报和作物蒸腾信息，进行灌溉自动决策。同时，系统可基于农田生产管理信息，提供作物耗水量统计分析，为农业节水、水资源优化配置、合理灌溉提供科学指导与服务。

（二）棉花精准施肥决策管理与智能施肥装置物联网系统

构建基于物联网技术的棉花滴灌施肥决策与自动调控系统，包括土壤采集终端系统和土壤信息管理与施肥推荐系统。土壤采集终端系统支持基于标准数据规范的土样信息和施肥调查信息采集，通过GPRS无线传输模块实现现场土壤信息采集传输，为土壤信息综合管理和测土配方施肥推荐系统提供实时、标准化的数据源。土壤信息管理与施肥推荐系统对信息进行智能分析处理，通过设置目标产量法相应的参数，按照地块养分含量信息，基于目标产量法计算出地块所需养分数值，并根据化肥所含有效含量计算出所需的施肥量，提供一个完整的地块处方。同时，依据滴灌施肥特点及作物需肥规律，制定出棉花生育期滴灌水肥一体化方案。控制棉田滴灌控制模块，实现棉田变量控制施肥。开展物联网技术在棉花精准施肥过程中的实际应用，有利于提高化肥利用率，提高水肥联合精准管理水平，实现棉区水肥的高效合理利用，提高农业综合生产能力。

（三）棉花苗情、病虫害实时监测与专家远程诊断服务物联网系统

构建基于农业物联网技术、地理信息技术和遥感技术于一体的棉花苗情实时监测与专家远程诊断服务系统。系统包括棉花苗情实时监测采集物联网终端系统和棉花苗情专家远程诊断服务系统。棉花苗情实时监测采集物联网终端系统集成 GPS、无线通信技术和支持用户自定义数据采集模板技术，提供棉花各个生长阶段的调查表单模板，能够方便快捷记录作物各生长阶段的苗情信息，并能够通过 GPRS 无线远程传输至后台管理系统。棉花苗情专家远程诊断服务系统可实现苗情的移动巡查追踪、实时视频监控、农业专用遥感数据监测，可构建完整物联网监测体系，有效提高农情信息采集管理的效率、完整性、精确性和科学性。

构建基于农业物联网信息采集、信息无线传输、专家诊断反馈为一体的棉花病虫害监测预警与专家远程诊断服务系统，制定适合采集感知终端与棉花病虫害监测预警管理系统传输的物联通信协议。这一系统包括棉花病虫害信息采集感知终端系统和棉花病虫害管理与快速诊断系统。棉花病虫害信息采集感知终端系统采集病虫害位置信息、图片信息和文字描述信息，并通过无线传输上传至管理系统。棉花病虫害管理与快速诊断系统实时显示病虫害信息，并通过专家在线远程诊断反馈，及时把病虫害诊断结果下发到物联网终端，实现棉花病虫害信息获取、传输、识别、诊断、防治等一体的快速采集与智能诊断，结合遥感卫星数据，实时确定病虫害种类、发生程度和空间分布，为棉花病虫害预警、防治决策和灾害损失评估提供科学依据，达到“及时、准确、定位、防治”的目标。

（四）棉花精准作业农机智能装备与指挥调度物联网系统

结合新疆生产建设兵团棉花生产中的农机装备情况，需要构建

基于GNSS和物联网技术的棉花农机精准作业智能装备与指挥调度系统。这一系统主要包括棉田精细整地系统、棉花覆膜播种自动导航系统、棉花精量喷药系统和机械采棉智能监控系统，实现物联网技术在棉田精细整地、棉花覆膜播种自动导航、精量喷药及棉花机械采收过程中的应用，提高棉田机械作业效率和智能化水平，实现棉区水、肥、药的高效合理利用。棉花精准作业农机监控系统实现采棉机作业计量与工况监控、位置信息采集、作业面积计量与核算、作业任务管理、作业进度报送、作业和工况数据无线传输。指挥调度系统主要实现调度运筹、故障预警、终端管理、指令收发、信息交互、信息发布等主要功能。棉花精准作业农机监控与指挥调度系统用于辅助农场管理人员进行农机作业调度，提高农机作业服务的效率，降低服务成本。

通过棉花精准生产物联网技术应用示范，提供种植业生产信息服务，为新疆生产建设兵团棉花生产技术推广提供了帮助，促进了棉花生产的提质、增产、增效，促进了新疆生产建设兵团现代化大农业建设。

大幅度降低墒情监测人工成本，提高劳动效率，墒情监测总体成本可以下降30%以上。采用测土配方精准施肥，配合化肥变量深施应用技术，肥料利用率提高10%，平均每亩节肥超过10%。棉花防病虫害作业采用精量喷药技术，能够平均节省农药40%以上。在棉花覆膜播种作业过程中应用示范拖拉机自动导航技术装备，能够大幅度提高拖拉机利用率，同时，采用自动导航技术，能够大幅度降低作业垄间重叠、遗漏，通过定位监控、工况监测和农机信息化管理，可以有效提高采棉机作业效率。

（五）棉花仓储、运输与区块链技术应用

在棉花入库前，为每批棉花标注射频识别（RFID）标签，并收集棉花的来源信息。同时实时读取棉花储藏环境的温湿度射频电子标签，实现棉花仓储全过程的监控与溯源。数据存储方面在未来可以应用区块链技术，实现数据的多源共享与溯源记录动态存储。

同时在棉花包装运输中，在汽车集装箱或火车车厢上粘贴 RFID 标签，借助标签编号记录棉花批次、车辆号、路线、实时位置等信息，实现物流信息的全程在线监控，可以降低运输与仓储环节的损失，并提高棉花调运效率。

二、农业环境与灾害监控物联网

农业环境与灾害监控物联网可以对作物生产的农情、灾情、墒情等进行监控，为作物生产管理决策和防灾减灾提供数据支撑保障。

农业环境与灾害监控物联网由中国农业科学院农业环境与可持续发展研究所进行总体设计与研究，联合北京恺琳科技发展有限公司等单位进行开发与生产，并在河南省农业技术推广总站、河南农业大学、安阳市农业技术推广中心、滑县农业技术推广中心等用户中间进行成果的示范应用。

在作物与灾害监控基地中布设农业环境远程监控系统、图像视频系统及升降式摄像系统，对作物生长相关的数据（包括基本气象要素数据、图像数据、人工测量的作物生理数据等等）进行采集、发送、存储管理。并建设基于 Web 的物联网数据中心管理系统平台、智能终端服务系统，方便用户对数据的访问、查看、分析，从而指导农业生产。

通过农业环境与灾害监控物联网，可实现农业现场各种气象与环境数据、图像视频的实时采集与远程传输。用户可进行远程监控和管理，有效提高了农业环境监测水平，增强了农业环境监测数据的时效性，便于生产者及时掌握农作物、园艺作物、蔬菜、果树生长动态与灾害情况，从而进行快速诊断和预警。

农业环境与灾害监控物联网率先在大田领域开展物联网的应用，开拓了作物苗情、墒情、灾情、病虫情数字化远程监测的先河。通过本模式的开展，发现了生产中存在的问题，优化了品种结构，提高了抗灾能力，推动了技术进步，减少了劳动成本，提高了防灾减灾能力，提高了农业精准化管理水平，取得了显著的社会经济效益。

（一）小麦长势与灾情诊断系统

以小麦长势与灾情诊断系统为例：小麦长势与灾情诊断系统通过物联网远程监控技术和图像视频技术获取田间现场气象环境信息、作物生长信息和土壤墒情信息。小麦生长周期长，很容易遭遇气象灾害如干热风、低温霜冻、旱涝灾害等的影响。本系统结合专家知识库与诊断模型库，对作物苗情进行监测与诊断分析及土壤墒情监测与旱涝诊断分析，并给出诊断结果和专家指导意见，进而为其调控管理决策提供数据支持。

实践证明，小麦长势与灾情诊断系统采取的运维模式稳定可靠、优质高效，可为其他领域的物联网建设提供借鉴。同时，通过监控技术与诊断模型的结合，提高了管理决策水平，降低了生产投入，减轻了灾害损失。

（二）森林病虫害预警监控系统

以森林病虫害预警监控系统为例：森林病虫害预警监控系统针对农业环境数据信息监控的特点，采用传感技术、无线传输技术进行集成，在此基础上对现场环境定时数据采集，通过移动无线网络（GPRS/CDMA）和互联网的集成连接，实现气象数据远程传输至指定数据库服务器。通过集成专家知识，建立专家数据库，最终对现场数据和专家知识库进行综合分析计算，为农业生产、农业预警提供有效的支持服务。

项目由远程监控中心对监控数据收取并保存。远程监控中心可兼容的手持终端不小于 10 万台。在森林监测现场，简易的温湿度采集器每 10min 进行一次温湿度数据采集，处理后发送到远程监控中心。用户可通过登录网络服务器，远程访问和使用数据，实现远程监控的目标。

（三）小麦主产区苗情预警决策系统

针对我国小麦苗情监测自动化水平低、技术单一、信息获取滞后等问题，通过现代微电子、传感器、网络通信和遥感等关键技术的集成创新，开展小麦苗情远程监控与诊断管理关键技术的研究与系统示范应用（图 3－9）。

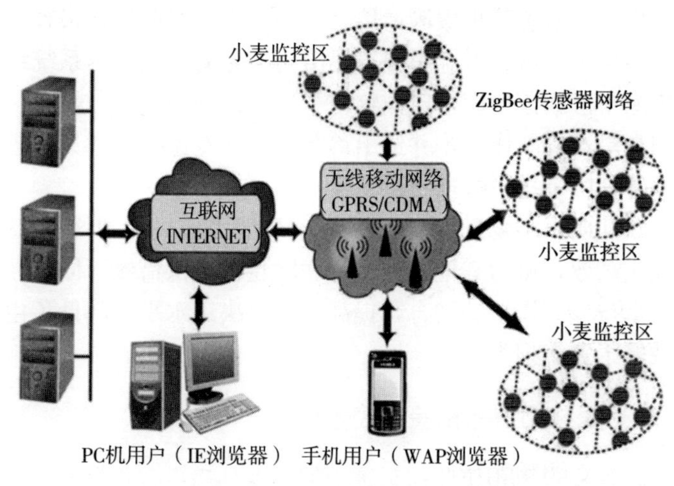

图 3－9　小麦苗情物联网示意图

相关研究集中在以下方面：

第一，研发小麦生长及其环境参数的远程采集设备及适应农业复杂环境的传感器，研究基于数据挖掘与人工智能模型的小麦长势评价与预警方法。做好技术与设备的融合工作，集成数据采集、远程传输和结构化数据管理等功能的小麦苗情远程监控与诊断系统平台。

第二，构建广覆盖、高稳定、低时延的监测网络。实现小麦主产区各类关键信息的自动化采集和传输，建立基于 B/S 架构的服务器模型与网络数据库。通过遥感多源监测数据的分析与作物栽培试验研究结合，确立小麦苗情评价与胁迫诊断的气象环境、生理生态等参数指标。

第三，集成无线传感器网络和遥感技术、嵌入式技术、远程数据传输技术、分布式网络数据库、数据挖掘等算法。开发出基于 Web 的实时在线远程诊断和决策管理系统，并进行系统测试、示范和推广应用。提升小麦生产科学管理水平和抗灾减灾能力，为我国到 2020 年再增产 1 000 亿斤*粮食的重大工程提供科技支撑。

目前，小麦苗情预警决策系统的相关技术已经在河南等地成功转化为实用技术，获得了当地政府的多个招标项目，系统成熟度较高，当地还开展了作物与灾害监控物联网试验基地、示范基地等辅助监测点的建设工作。小麦苗情预警系统自 2009 年开始推广使用，计划实施期限为 10 年。通过监测点的示范推广作用，2012—2017 年累计在河南省示范推广辐射面积达2 300万亩以上，获得总经济效益 7.4 亿元，农业生产节约成本2%～5%，节约人力 5%，增产 2%，减少损失 3%。项目已成为所在区域作物生长监测管理与生产服务的重要信息来源之一，为保障我国粮食安全提供了有力的技术支撑。

三、水稻物联网技术服务系统

水稻物联网技术服务系统主要服务于水稻种植与生产阶段，通过在稻田中布设水稻—大气—土壤信息无线感知节点和摄像机视频360°监控，实时获取温湿度、光照度、土壤水分、病虫害状态等指标。并将采集的数据传输至系统后台，用户可通过信息终端获得关键数据并用以指导生产。同时该系统搭建专家与种植户的沟通桥梁，种植户可以及时获取专家对种植的建议，并根据专家建议调整种植策略。

---

* 斤为非法定计量单位，1 斤＝0.5kg。——编者注

（一）南京市湖熟街道水稻种植物联网管理系统

南京市在湖熟街道的两块50亩试验田中搭建了水稻种植物联网管理系统。通过在稻田中布设水稻—大气—土壤信息传感器收集环境参数信息，同时部署了智能虫情监测设备，利用4G移动无线网络，对水稻生长环境数据进行不间断实时监测。同时将数据实时传送至物联网服务平台，形成专家数据库（图3-10）。

图3-10　水稻种植物联网管理系统设备

用户通过任何一台接入互联网的通讯终端就可以了解水稻的长势与状态，并进行基础的稻田管理操作。在种植遇到异常问题时，相关专家将第一时间依据环境历史数据与实时数据提出干预方法与处理意见，种植户可以参考专家意见进行科学化、规范化的水稻种植管理。

据当地农民介绍，水稻种植物联网管理系统应用后，和传统方法相比，试验田中的每亩水稻可以增产200斤，增产效果较为显著。

（二）吉林市东福米业水稻种植物联网管理系统

吉林市东福米业有限责任公司通过土地流转的方式组建了3 000hm^2的水稻种植基地。这部分水稻种植田地按照农业现代化、信息化要求开展种植生产管理，围绕当地水稻产业现实需求，完成采集点建设和水稻产业物联网技术服务系统开发。该系统利用物联网传感技术、网络传输技术，对水稻从育苗到田间种植、生长等进行全过程视频监控、数据采集和分析预警；利用智能控制技术，对相关生产管理设施设备进行自动化管控，促进实现水稻生产节本降耗、增产增效。

该企业在水稻大田、水稻育秧棚建设了物联网数据采集点，运用高清网络球机进行视频数据采集，采用传感器进行空气温湿度、土壤 10cm 和 20cm 温湿度、风力、风速、风向、大气压力、日照、降雨量、蒸发量等数据采集，采用自动虫情测报灯进行虫情数据采集，共计采集 15 项数据指标。

水稻产业物联网技术服务系统，一是可以对水稻育秧、大田种植、生产加工等各种要素实行数字化设计、智能化制造、精准化运行、科学化管理，以极大地提高农业生产要素的利用率，降低资源耗费，实现水稻农业生产方式由粗放型生产向精细化生产的转变；二是通过智能生产系统、可追溯系统实现对水稻生产的预警预报、全程跟踪，从而提高水稻的产量、品质和品牌影响力。总体来说，通过先进的物联网技术实现了该企业生产 3 个 10%的目标，即减少投入（包括生产资料、人工及管理）10%，增加产量 10%，在提高农产品质量、安全性方面增收 10%。

（三）青岛海水稻研究发展中心物联网管理系统

中国海水稻种植技术是袁隆平院士团队——青岛海水稻研究发展中心的最新成果。2018 年 7 月 22 日，青岛海水稻研究发展中心与阿联酋达成合作协议，在迪拜开展 4 个阶段的实验和产业化推广计划。

迪拜沙漠昼夜温差大、湿度低、沙尘暴频繁，种植水稻最大的挑战是沙漠土壤有机质含量低、散沙多、无团粒结构、无法保墒保湿，且地下 7.5m 处直接与海水相通。当地淡水宝贵，种植管理难度大，在种植应用中，“四维改良法”是重要的基础环节，物联网模组系统是“四维改良法”的关键部分，为精准灌溉控制发挥了重要作用。

“四维改良法”由要素物联网系统、土壤定向调节剂、植物生长调节素及抗逆性作物四大要素系统组合而成。其中要素物联网系统由地下管网灌排设施与地下及地表的多种微型环境传感器、窄带物联网技术、大数据云平台等连接形成。传感器感知光、温、碱度、生长态势等信息，通过窄带物联网技术即时传送至大数据中心，即有城阳智慧农业云平台之称的沃土平台上，然后通过人工智能（AI）和专家诊断系统对土壤状态及水肥释放进行自动调控。

青岛海水稻研究发展中心应用的物联网模组主要由两根搭载了多种传感器的管道构成。第一根管道根据传感器反馈需求，将所需水肥自动送达水稻根系部，供水稻生长。第二根管道将土壤中渗出的多余水肥回收，运送至回收池供第一根管道循环使用。此外，要素物联网模组在地表还有智能喷洒灌溉系统，能根据水稻不同时期需肥特点、土壤环境和养分含量状况，精确控制喷头和喷枪定时定量喷洒水分和养分。

“四维改良法”及其物联网系统的反馈控制与精准决策模型的应用，为海水稻的生产应用提供了必要的基础支撑。

四、土壤墒情监测系统

土壤墒情监测系统能够实现对土壤墒情的连续自动化监测。墒情传感器可以布设于不同位置、深度，获取各土壤剖面与分布的水分情况，同时还可以根据实际需求增加对应传感器，监测土壤温度、土壤电导率、土壤 pH、地下水水位、地下水水质以及空气温度、空气湿度、光照强度、风速风向、雨量等信息，满足更多专业化需求。

（一）土壤物联网墒情监测系统

土壤物联网墒情监测系统采用土壤墒情传感器，融合无线传输、智能控制及墒情监控与预警信息平台，实现对土壤墒情信息的自动采集、传输、存储、处理、分析、预警和发布。系统采用直观易用的图形界面和数据报表的方式呈现给用户，方便用户直观了解所辖区域土壤墒情情况。土壤墒情仪器自动采集土壤水分，并将结果通过GPRS传输到省中心服务器，数据中心按照统一的格式将土壤墒情数据存储，并从数据中心调用相应的数据返回给用户，包括墒情监测数据、旱灾预警数据、走势分析数据、报表分析数据、短信发布、信息发布、图形预警信息。土壤墒情传感器部署见图3-11。

图3-11　土壤墒情传感器

土壤物联网墒情监测系统实现了很多功能，具体有以下方面。

第一，实现省级土壤墒情监测数据的监管：联通孤立墒情信息，达到大量相应数据的高速传输、海量存储和超级计算，实现平台统一监管，县→省→全国之间上传下达。

第二，信息发布：将信息发布到省平台，方便用户有针对性地浏览、获取。发布内容包括行业信息、供求信息等。

第三，预警通知：定期收集、汇总信息，结合天气预报、专家评估等，产生完善的旱情预警信息。预警内容包括灾害名称、影响区域、灾害程度及解决对策。

第四，图形预警与灾情渲染：将灾情按严重程度分为不同颜色，以“点”形式显示，可直观全省各区域灾情。

土壤墒情信息完全自动采集、传输、存储、处理、分析、预警和发布，所有数据可及时转发至全国墒情信息中心，采用完全自动的墒情监测方式。该系统配置了地图、趋势图、报表等多种简洁方便易用的数据展示和呈现方式。直观有效的数据分析预警手段，以用户为中心的图形、短信、信息发布等人工或自动墒情预警信息。

（二）北京林业大学土壤墒情监测与灌溉物联网系统

北京林业大学开发的土壤墒情监测与灌溉物联网系统，已经服务于黑龙江省齐齐哈尔市的黑土地。全地区应用该系统的区域达上千亩，区域内布设 11 个基站，通过自治化的网络完成该区域土壤墒情监测与灌溉的智能控制功能。

该系统基于物联网及无线传输技术，实现土壤墒情的实时监测与灌溉。该系统由数据采集器、传感器和 GPRS 模块构成。数据采集器连接了 3 层土壤水分传感器、土壤温度传感器、空气温度传感器、降雨量传感器等。服务器远程接收相关数据，并发布到数据中心，同时根据智能算法设计灌溉阈值，实现自动灌溉、短信预报等功能。系统采用太阳能供电，易于布设，节能环保。

3 层土壤水分传感器可达到低于 2%的测量误差，低于 2s 的响应时间。空气温度传感器可实现不高于 0.5%的测量误差，低于 0.5s 的响应时间。降雨量传感器可达到不超过 3%的测量误差。所有传感器均能实现在－50℃～50℃的正常工作（降雨量传感器无法测量零下温度）。

3 层土壤水分传感器分别布设于 10cm、30cm、50cm 等位置，第一层 10cm 设定为植物根部含水量的采集区；第二层 30cm 设定为停止灌溉的依据数据采集区；第三层 50cm 为预警发布的数据采集区，应保证水不渗漏到本层。基于上述设计，实现精准节水灌溉与预报功能。土壤墒情监测基站实物与结构见图 3－12。

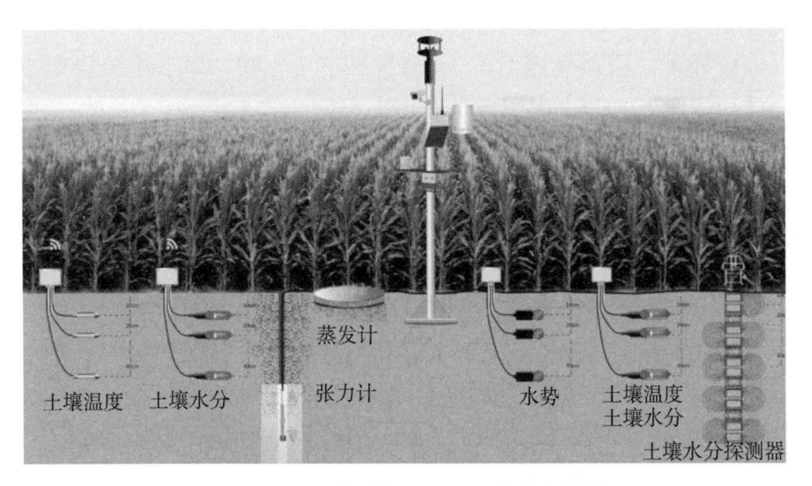

图 3－12　土壤墒情监测基站实物与结构

系统运行时，每 10min 自动进行一次数据采集，并通过 GPRS 无线数据模块传输至监控中心。服务器将数据解包后提供给用户进行远程访问、查询、下载等服务。同时服务器自动将采集数据与报警阈值进行对比，发现异常时将通过 GSM 模块进行报警短信的发送。系统按上述方式循环运行，对不同地区的土壤墒情、温度、降雨量、气温等进行远程自动监测。

土壤墒情自动监测系统实现无人值守的无线站点自动监测报警，大大减少过去依靠人工采集墒情导致精度不高、时效性差、严重影响上级主管部门决策分析的情况。现在，相关人员可以实时查看全省墒情信息，而且该系统对灾情进行及时预警、评估，快速决策启动抗旱救灾措施，为国家粮食安全提供可靠技术保障。

五、水稻智能育秧系统

水稻智能育秧系统通过对水稻育秧环境的精准调控，显著提升了水稻育秧智能化水平，通过调控秧苗的最佳出苗温度、湿度，可以大大缩短秧苗育成时间。原来需要 5～6d 育成一叶一心的秧苗，现在2～3d就可以转移到普通大棚育秧点炼苗，再过20～25d就可以机械插秧。出苗管理时间由5d缩短到2～3d，为下半年的双季稻播种争取了时间。由于设备利用率和劳动效率提高，秧苗质量提高，育秧难问题得到缓解，育秧总体成本下降15%。

水稻智能育秧系统主要包括智能选种方法以及育秧过程调控系统。通过两个具体例子进行介绍。

（一）水稻智能催芽育秧技术

智能育秧是应黑龙江垦区生产发展的需求而研制产生，是广大垦区技术、生产、管理工作者智慧的结晶。因为黑龙江垦区育秧阶段的时间有限、育秧阶段的成本较高，同时水稻种子的发芽特性差异大，直接催芽出芽所需的时间长度不同，这些自然条件决定黑龙江垦区水稻必须智能育秧。为了缩短育秧周期，提高育秧质量，黑龙江垦区使用了浸种、催芽的智能育秧手段。

1. 水稻智能选种技术

该选种技术使用先进的计算机智能控制程序，各工序的工作时长和设备状态都按照预先设定的流程进行。同时智能锁定控制技术在选种机工作时实时收集选种箱内数据，对盐水的密度、漂洗清水中盐的浓度是否超标进行全程检测、控制及锁定。

智能选种机具结构如图3-13所示。设备按照预先设定的液面高度、盐水密度、清水密度、选种搅拌时间、漂洗次数等技术参数，实现食盐的溶解、密度测量显示、注入盐水、搅拌选种、盐水回流、清水注入漂洗、二次漂洗等工序，选种精度达98%以上，盐水选出率达2%以内。

2. DJC系列水稻智能程控浸种催芽机

优质芽种的生产条件要求浸种环境的所有位置恒温保持在11～12℃。DJC系列水稻智能程控浸种催芽机使用间歇注水为主、喷淋补偿为辅的复合工艺来催芽。该机喷淋补偿边缘局部温度，循环注水快速控制、收集箱内温度传感器数据，调节箱内各点温度，使箱内温度均衡准确，误差不超过0.5℃。此过程通过使用计算机

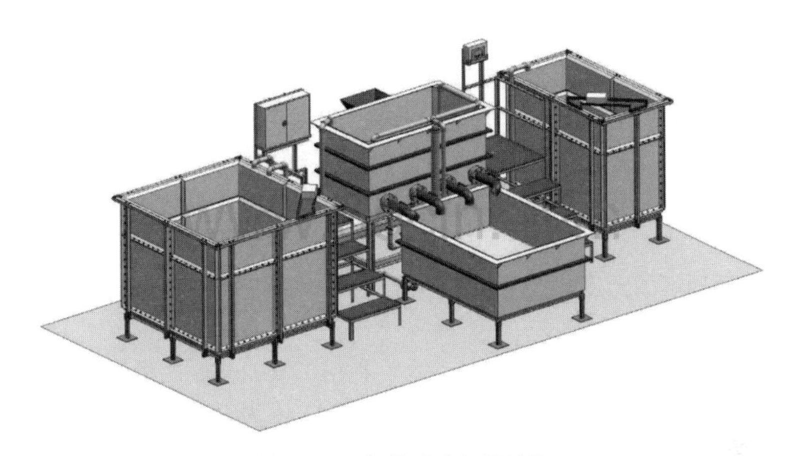

图 3-13　智能选种机具结构

智能、程序控制技术，生产过程不需要人为干预。操作人员仅需在功能转换时操作计算机，在控制室内观察数据，同时生产数据会被系统自动记录储存。

该机在浸种、催芽工作过程中使用了程序控制技术，实现了自动控制注水。注水到最高水位时自动停止注水，自动计量水在种箱内的停留时间，自动将种箱的水抽回，抽到最低水位停止。在芽种破胸开始自动预热，催芽开始自动调水，破胸结束自动回水，催芽结束自动回水，实现控制指令、数据传输由无线通信系统完成。

（二）机插硬地硬盘育秧智能控制系统

江苏省扬中市油坊镇农业服务中心提出一种以机插硬地硬盘壮秧培育技术为基础的水稻智能育秧系统。集成组合物联网远程智能诊断和监控、智能喷淋及水肥一体化自动控制等技术体系，构建基于物联网远程诊断和智能控制的机插壮秧培育集成技术体系。该系统结构包括网络高清监控、温湿度传感器、水肥一体化智能喷淋远程监控系统、电子看板、就地控制边缘站、移动终端、云存储和云控制服务等部分。

农户可以通过手机软件或微信公众平台实时远程监控秧田现

场。通过育秧现场实时环境参数监测、秧苗生长状况高清探头实时监控、温湿度传感器实时数据采集等方面技术综合分析和判断，利用手机远程开展秧田肥水管理，具有省工、智能、精确、定量、远程控制、兼容性强等优点。

该系统利用监视与控制通用系统（MCGS）与数据传输单元（DTU）实现智能化育秧管控系统的设计。通过传感器采集育秧基地现场环境的温度、湿度、光照等参数，将这些参数传输给基地现场的数据采集与 MCGS 组态显示终端，并实现对现场水肥一体化喷淋系统的精准化自动控制。然后利用 DTU 进行远程通信，4G 移动无线网络作为传输通道，实现客户端与 MCGS 组态软件的通信，监控基地现场的环境参数，实现设备与基地现场之间的远程信息交换。

（三）寒地水稻智能化浸种催芽和高效育秧技术

国家农业信息化工程技术研究中心王成团队研究了一种已经在哈尔滨市、佳木斯市、鸡西市等 20 个地区推广了 774 套的寒地水稻智能化浸种催芽和高效育秧系统。此系统技术可使水稻大棚育秧抢积温 100℃以上，实现水稻提前 7～10d 播种和提前 5～7d 成熟。该高效育秧技术基于多层、易组装立体式育秧苗架，结合 LED（发光二极管）生物补光技术、环境监控技术、智能雾化微喷灌溉技术，解决普通育秧过程易受天气或气候条件影响的问题，实现温室光、温、水、气综合调控，保障秧苗不同生育周期的环境需求，促进秧苗均匀、茁壮、整齐生长。

寒地水稻智能化浸种催芽和高效育秧系统，自主研发了作物生理生态信息检测及高精度农用传感器系统，建立基于秧苗生理信息的环境调控模型，应用机器视觉、光谱、围观离子流等技术，研制系列种子及秧苗健康状况无损检测设备，实现秧苗形态、组分及病害的快速无损检测；建立基于秧苗形态、组分及离子吸收状况的秧苗健康状况评价模型，实现水稻长势诊断及病害早期预警，有效提高水稻产量与品质。

应用寒地水稻智能化浸种催芽和高效育秧系统，可减少环境、气候等不利因素对秧苗生产的影响。提高土地利用率，成秧率高。通过该系统育出的秧苗素质好、病虫害少，适合机械插秧，移栽大田后发根快、抗逆性强、成穗率高，水稻产量大幅提高。

此外，浙江托普云农科技股份有限公司根据水稻育秧作业的需求及特点，对育秧棚的物联网布控进行全方位的设计，在育苗间安装多组空气温度、空气湿度传感器，加湿、加温设备进行数据实时采集。这些数据通过无线传输技术被传输到监测控制中心，系统对数据分析作出反馈控制相应设备。该公司开发了手机软件系统，方便管理人员远程实时查看育秧棚内的空气温湿度，接收报警信息，并可远程监测和控制加湿、加温设备，提供最适宜的育苗温度和湿度。

水稻智能育秧系统集成物联网技术通过对水稻育秧环境的精准调控，显著提升了水稻育秧智能化水平。通过调控秧苗的最佳出苗温度、湿度，可以大大缩短秧苗育成时间。原来需要 5～6d 育成一叶一心的秧苗，可缩短至 2～3d，为下半年的双季稻播种争取了时间。由于设备利用率和劳动效率提高、秧苗质量提高，育秧难的问题得到缓解，可以使育秧总体成本下降 10%～15%。

第四章　果园种植物联网

随着我国经济增长和居民收入水平提高，居民的食品消费行为和消费结构方式不断变化，优质果品的刚性需求不断增加。然而，我国传统果树生产效率低、工作量大、难度高、果品品质差，已不能满足现代果业的生产要求。但农业物联网技术不断发展，将物联网技术应用于果树管理，会不断提高果园生产的管理效率和水平，实现果园种植管理的自动化、信息化、规模化，实现果园种植的标准化，提高了果品品质，保证了果品的食品安全。

第一节　概　　述

一、概念

果园种植物联网是指将物联网技术引入果园管理，是在果树生产管理过程中，充分利用各类感知设备（如：传感器、RFID 设备、视觉采集终端等），对果树的生长环境、种植管理、溯源管理等各个环节的信息进行采集，将采集的数据进行传输、格式转换后，利用各类现代信息传输通道进行信息的传输，并对海量的数据进行处理、融合的网络形式。在当前精准农业快速发展的背景下，通过 3S 技术和自动化技术的综合应用，按照田间每一块操作单元上的具体条件，更好地利用土地资源潜力、科学合理利用物资投入，以提高果品产量和品质、降低生产成本、减少农业活动带来的污染和改善环境质量。精准农业是由信息技术支持的根据空间变异，定位、定时、定量地实施一整套现代化农事操作技术与管理的系统，最终通过智能终端实现果树的自动化生产、最优化控制、智能化管理，实现果树集约、高产、优质、高效、有机和安全的管理目标。

二、主要内容

果园种植物联网主要由信息感知、数据传输、数据处理、应用4个部分组成。

（一）信息感知

信息感知是农业物联网应用的基础，是数据收集的信息源。果园种植环境的好坏对果品产量、质量有巨大影响。通过信息感知技术对果园种植环境进行监测，主要是通过在关键或典型区域建设观测点布置小型气象站、土壤温湿度传感器、营养元素传感器等物联网设备，实现对环境的实时定点采集，实时大范围地获取果树种植环境关键参数。种植环境监测主要针对环境因子和土壤因子两方面。其中，环境因子主要包括环境空气温度、相对湿度、光照强度、大气压、风速、风向、降雨量等信息，土壤因子包括土壤温度、湿度、电导率等。果园信息感知技术能够掌控果树生长的情况，对果树生长数据进行记录，根据果树生长状态，实现果树的精确浇水、施肥、打药，并为果品质量追溯提供数据支撑。

（二）数据传输

数据传输主要是将信息感知监测到的种植环境数据以及基于地理信息系统（GIS）的果园视频监控系统获取的果树种植中生产作业、作物生长、病虫草害发生与防控、重大事故现场状况等的重要视频信息，通过无线传输网络传送到信息指挥中心，并通过GIS进行空间定位显示。根据这些种植环境数据和实时、直观的视频信息，生产管理者可以及时地掌握生产进度、作物长势、灾害情况以及重大突发事件等具体情况，提高决策指挥的准确度和灵活性。果园面积广阔，传感器节点部署规模大，为了采集不同地理位置、不同层面的果园信息，提高分散在果园内传感器的节点结网速率，满足增减传感器节点对整体网络传输不造成影响的果园实际需求，果园种植物联网的数据传输系统采用 ZigBee 技术对果园内传感器进行自组织组网，实现对果园内空气温湿度、光照强度、二氧化碳浓度、土壤温湿度等重要环境参数的实时、高效采集。ZigBee 是一种新兴的短距离无线通信技术，具有速率低、功耗低、成本低、安全性好的特点。该技术能够实现各节点主动地感知其他节点的存在，并确定连接关系，组成多点对多点的结构化网络，增删节点、节点位置变动或节点发生故障时，网络能够动态调整网络拓扑结构，保证可靠传输。适用于具有多样性、多变性和分散性特点的果园环境监测。

（三）数据处理

通过感知和传输采集到的数据，经过统计分析，有助于在智能控制、水肥管理、病虫害预警预报、病虫害诊断、防灾减灾这些方面进行分析决策，提高果树生产效率，保障果品质量安全。果园种植物联网的数据处理系统采用数据库存储技术，构建果园种植物联网数据库。数据库采用空间数据引擎进行管理，建设类型主要包括基础地理数据库、监测数据库、专家数据库和元数据库等。监测数据库记录果园环境的各项参数信息，如空气温湿度、光照强度、二氧化碳浓度、土壤含水率。移动设备端手动录入果树生长情况以及虫害情况信息，并按照监测区域、监测时间、监测频率等方面进行数据信息的组织。专家数据库用于存储病虫灾害相关指标、常用指标统计数据、历史经验以及管理措施等知识数据。元数据库用来说明果园数据库中的数据内容、质量、属性、表示方式、来源以及其他相关的背景信息。果园种植物联网的数据处理系统将物联网传感器终端采集的各类数据，进行数据分析、数据过滤、数据清洗，提取有效数据，将数据按时间、类型分别入库，进而利用数据处理技术和算法，对数据进行聚类、分类等分析处理，对同类型数据在不同时间范围以及相同时间不同区域的同类数据进行归类对比分析，以此明确果园区域空间范围内和动态时间范围的动态变化规律。

（四）果园种植物联网应用

果园种植物联网可面向果园种植农户和企业、政府管理用户、消费者公众用户提供信息化、可视化应用。一是将果树监测信息通过网络的方式告知果树种植户，政府管理部分可以远程查看数据，作出指导和决策，提供生产辅助分析功能，如灌溉、施药、产量分析功能。设置不同果树需要灌溉的基本参数，在监控设备图层打开的状态下，灌溉分析功能能够自动读取果园内的各项环境参数，判断当下是否适宜灌溉，并在地图中绘制相应的专题图。灌溉分为适宜灌溉、次适宜灌溉以及不适宜灌溉 3 种标准。二是提供信息查询功能，果园环境监测系统主要提供果园种植类型、监测设备、视频设备以及果园内部管道等各项信息的查询。查询功能用于地图要素与属性的交互查询，将地图要素与属性信息相互关联，即可在地图显示中完成对监测信息的查询，或是由属性信息到地图要素的定位查询，也可通过搜索栏输入关键字或者相关属性进行查询。三是提供动态监测功能，结合多传感器采集的数据以及实时视频信息，提供果园多视图关联展示。针对某一环境参数信息在果园内的可视化展示，提供热力图可视化分析方法，直观地了解不同区域同一参数的变化。针对同一区域不同环境参数信息的展示，提供平行坐标可视化方法，其中相互平行的坐标轴表示不同类型的环境参数，参数值对应轴上的位置。同一地理位置环境参数点用相同颜色连接，满足果园从业人员掌握果园不同层面的信息。根据果园内各项环境要素变化的正常范围，检查数据是否超限，当数据超出范围极限时，系统会进行报警。

第二节　关键技术

一、果园环境智能监测

果树在生长过程中，受到光照、温度、土壤、水分、肥料、病虫害等各种环境因素的影响。环境条件不仅直接关系到果树本身的生长情况，而且影响果实的产量和品质。果园环境的重要参数主要有温湿度（土壤、环境）、光照、土壤 pH、营养液成分含量等；果园的环境信息包括空气温湿度、光照强度、二氧化碳浓度、土壤含水率等。这些信息是果树生长状况分析的重要数据源。实时、快速地采集果树的生长环境信息，是实现果园精细化和现代化管理的重要基础。实现对果树生长环境因子的实时监测和综合调控，是确保果树安全稳定生产需要解决的重要问题。物联网技术的发展为解决这一问题提供了有利的技术支撑。

在现实果园生产中，果园环境监测仍采用人工方式，测控精度低、劳动强度大。并且以传统经验管理果园，缺乏量化指标和配套集成技术，导致果园种植环境难以得到有效监管，影响果品产量和品质。这种传统的果园监管方法，已经远远满足不了现代果园的生产要求。随着信息化与智能化技术的发展，物联网技术和传感器技术愈发成熟，为果园智能监测管理提供了有效的途径。物联网是新一代信息技术发展下的产物，是互联网应用的延伸，是集成感知、传输功能为一体的智能化网络。物联网基于信息传感设备感知信息，并将采集到的信息通过网络传送至数据中心，实现物品与互联网的连接，便于远程动态监控。

（一）工作原理

通过在果园关键或典型区域安置多个环境要素传感器，实现对环境的实时定点采集。选取果园几个典型环境参数进行远程监测，监测的环境因子主要包括环境空气温度、相对湿度、光照强度、二氧化碳含量、风速、风向、降雨量等。土壤因子包括土壤温度、湿度、电导率等。通过无线传输的方式传输到环境监测平台上，实时展示种植环境因子的变化情况。果园管理者远程通过可视化平台、手机软件等客户端在任何地点任何时刻都可以及时了解果园内果树生长的环境状况，从而实现果园环境内无人值守的方式进行的数据采集工作，实时自动监测。通过长时间环境参数信息的跟踪监测，果园种植物联网系统能够根据果树生长环境信息分析出当地果树最适宜的生长条件，从而大幅度提升果品的产量和品质。

在数据监测的基础上，同时对果园环境参数进行精确的数字化转换，实现果园环境要素信息的自动存储和处理功能，为果园种植研究和果园生产管理提供准确、可靠的数据支撑，实现果园现代化、精细化管理。

（二）关键技术

1. 传感器技术

（1）土壤信息传感器

土壤是农作物赖以生存和生长的物质基础。土壤信息传感技术是指利用物理、化学等手段和技术来观察、测试土壤的物理、化学参数变化，对影响作物生长的关键环境因素进行在线监测分析，为农业生产决策提供可靠数据来源的技术。该技术主要涉及土壤水分传感器、土壤电导率传感器和土壤养分传感器。此外，还有土壤温度仪、土壤盐分仪、土壤硬度仪、土壤水势仪、土壤重金属检测仪等。

（2）气象信息传感器

影响果树生长的环境因子主要有温度、湿度和太阳辐射等。通过积温仪、积光仪、温湿度记录仪、总辐射记录仪、二氧化碳记录仪等实现对重要环境因子的实时动态监测。风力、风向、降雨、降雪等也会影响果树的生长，但温度、湿度和太阳辐射量是起主导作用的环境因子。

（3）植物生理传感器

植物生理传感器通过对植物本身所固有的生理参数的监测，如茎秆直径、叶片厚度、果实的生长和膨大过程以及植株高度信息等，可以针对植物当前的水分、营养更好地评估植物当前的状态。植物生理信息传感技术是指利用传感器来检测植物的生理信息，例如植物的茎流、茎秆直径和叶片厚度等等。植物生理传感器主要有植物茎流传感器、茎秆直径传感器、叶绿素含量测定仪和植物叶片厚度传感器。图 4-1 为植物生理传感器。

图 4-1　植物生理传感器

2. 视频图像采集技术

视频图像采集技术已由 20 世纪 90 年代传统的全模拟视频系统、90 年代后期的半数字化视频监控系统逐步发展到今日普遍使用的以数字化图像处理为核心、通信技术与传感技术融合的数字视频监控系统。

目前的全数字化视频监控系统利用高性能的宽带网络、移动通信网络和专用的多媒体通信网络来传输视频监控信号。视频监控信号在前段自动进行分析处理，然后运用无线网络或有线网络将数字图像信号发送到视频监控中心，从而实现视频监控自动化。目前应用领域的远程视频采集系统主要分两种，一种是基于宽带接入的有线远程视频采集系统，另一种是基于无线宽带网络的远程无线视频采集系统。尽管有线远程视频采集系统传输速度相对较快，但其应用场所会受到较大限制。因此，随着3G向5G网络通信技术的不断更新，无线远程视频采集系统将会越来越得到优化。

3. 网络传输技术

（1）5G网络通信技术

5G网络通信技术是当前世界上最先进的一种网络通信技术之一。相比于被普遍应用的4G网络通信技术来讲，5G网络通信技术在传输速度上有着非常明显的优势，在传输速度上的提高在实际应用中十分具有优势。5G网络通信技术应用在文件的传输过程中，传输速度的提高会大大缩短传输过程所需时间，对于工作效率的提高具有非常重要的作用。5G网络通信技术的主要优势在于，数据传输速率远远高于以前的蜂窝网络，最高可达10 Gbit/s，比当前的有线互联网要快，比先前的4G网络通信技术蜂窝网络快100倍；另一个优点是较低的网络延迟（更快的响应时间），低于1 ms，而4G为30～70 ms。

（2）ZigBee无线传感器网络技术

无线传感器网络技术的研究兴起于20世纪90年代末，它融合了多种科学技术。其中包括：传感器技术、嵌入式计算机技术、分布式信息处理技术和网络通信技术等，是当今多学科高度交叉、专业知识高度集成的前沿研究热点。ZigBee技术是基于无线标准研制的一种双向无线通信技术，其低复杂度、低功耗和低成本的特点，使其在农业领域的应用比较广泛。

无线传感器网络（Wireless Sensor Network，WSN）是由部署在监测区域内的大量微型传感器节点组成，通过无线通信方式形成的一个多跳自组织网络。无线传感器网络具有众多类型的传感器，传感器节点可探测包括温度、湿度、雨量、光照度、二氧化碳浓度以及土壤温湿度、土壤pH等环境因子，每个节点都具有数据采集与传输功能。节点最后将这些信息发送到汇集节点，汇集节点负责融合、存储数据，并将数据通过互联网传送至用户所在的任务管理节点。用户也可以通过任务管理节点对传感器网络进行管理与配置、发布监测任务或者收集回传数据。

4. 地理信息系统

地理信息系统（Geographic Information System，GIS）是结合地理学、地图学和计算机科学的一门综合性学科，它是一种在计算机硬、软件系统的支持下，对有关地理、空间位置的数据进行存储、查询、显示和分析的计算机支持系统，主要用来描述现实世界中地物在空间上的分布及其属性。而 WebGIS 是 Web 技术与 GIS 技术的结合，完善和扩展了 GIS 的功能。它的基本思想是基于网络提供地理信息服务，实现在不同的操作系统上获取地理数据和空间分析服务。WebGIS 将网络地图，空间分析功能以及数据库操作集成于一体，能够接收实时的 GIS 信息服务。与传统 GIS 相比，WebGIS 具有访问范围广泛、平台独立性强、可扩展性良好的特点，其为 GIS 服务提供了方便而有效的途径。物联网技术与 WebGIS 技术的集成主要利用物联网实时、广泛的感知能力和 WebGIS 对空间数据与属性数据的分析、管理、可视化能力，将物联网感知信息实时接入 WebGIS 系统，并对采集的数据进行可视化与分析，辅助果园的监管与自动化灌溉。结合两种技术的优势，提出基于以无线传感节点、无线传感器网络和互联网为核心的物联网技术，以及以信息管理、可视化和分析为核心的 WebGIS 技术，开发出一套适用于果园大面积种植区域环境信息参数采集的实时性强、可靠性高的智能远程信息监测系统。

（三）效果

第一，实现对果园果树生长环境土壤温湿度、空气温湿度、光照等必要参数的监测，减轻了果农的劳动强度，为环境参数的调节提供可靠的依据。

第二，为果树生长的研究提供精确的数据，对提高果品品质有着重要的作用。果园采用环境监测系统，进行综合环境监控和调节，可以最大程度创造果树适宜的生长环境，提高水果的产量和质量。不仅增加了果农的经济收入，又满足了人们对水果数量、质量的需求。

第三，实现果园环境的自动化监测，对解决农业领域存在的问题、尽快推进我国设施农业的规模化和产业化、走农业可持续发展的道路有着重要意义。

二、果园智能灌溉

通常情况下，大部分果园位于山地、丘陵，有些地方土地条件较差，且远离水源，传统的灌溉施肥操作非常困难，且灌溉成本极高。一方面，随着劳动力和化肥等生产资料价格上涨，各类水果种植成本逐年升高，比较效益下降。另一方面，由于缺少合理的养分管理措施和相应的技术指导，在传统的果园种植管理环节上果农多采用粗放型施肥方式，水与肥过量投入或不足的现象十分普遍。这不仅对果树的产量和品质造成不利影响，而且还会造成多余养分向深层淋溶进入地下水，或随径流进入地表水源，造成环境二次污染。在精准农业和设施农业生产中，水肥一体化灌溉施肥技术将植物营养元素以适当的配方注入滴灌水中，达到施肥与灌溉同步进行，这不仅是灌溉和施肥工作的结合，也是在农业生产上的技术集成。随着水肥一体化技术的发展，智能化控制系统逐渐得到应用。

目前，高效智能水肥药一体化技术已成为推动种植业发展的重要生产技术之一，其节水、节肥、省药、省工、增产和增效等优点非常显著。灌溉自动化技术能够严格执行灌水指令和灌溉制度，不仅可以定时、定量、定次地科学灌溉，而且能够提高灌溉的质量和均匀度，进而保证水肥一体化的科学性、可靠性，成为精准施药、精准灌溉、精量施肥的重要技术支撑和推进农业现代化发展的重要途径之一。农业向高产、高效、现代化的方向发展，要求农业灌溉也要向精量化、智能化、信息化的方向发展。以北京地区为例，北京林果业非常发达，平谷区盛产大桃和蔬菜，目前果园或温室内存在灌溉设备陈旧，施肥、施药方式较落后，造成劳动力浪费，灌溉、施肥与施药不均匀等问题。对此，相关部门通过大量实地调研并与基层技术人员交流合作，探讨了新型的施肥灌溉模式，研发的新型省水省肥省药作业系统成为解决问题的关键；针对栽培模式开发新的技术模式，实现精量地为作物提供水、肥、药的支持，节约水资源，节省劳动力，提高水、肥、药利用率的目的。

（一）工作原理

智能灌溉控制系统将灌溉节水技术、农作物栽培技术及节水灌溉工程的运行管理技术有机结合，同时集电子信息技术、远程测控网络技术、计算机控制技术及信息采集处理技术于一体。该系统通过计算机通用化和模块化的设计程序，构筑供水流量、压力、土壤水分、作物生长信息、气象资料的自动监测控制系统，进行水、土壤环境因子的模拟优化；实现灌溉节水、作物生理、土壤湿度等技术控制指标的智能控制，从而将农业高效节水的理论研究提高到现实的应用技术水平上。该系统具体的工作流程如下：通过果树根部的传感器以及果园内的气象站数据，用电脑（手机）上网，随时能看到果园的生产情况。自动获取果园里环境监测数据，当检测数据低于预先设定的阈值时，系统将自动开始灌溉。或者管理者通过电脑（手机）键盘，即可远程同时打开树上的喷头、树根的滴灌阀门，对果园进行精准灌溉施肥，实行无人化作业。将灌溉施肥施药一体系统布设于果园出水口处，采用地面管道的方式布设设施果园线路。每棵果树处在支管道打孔，使用旁通阀引出一个出水口，出水量可由旁通阀控制。物联网控制系统的无线网络节点布设于温室一侧，沿东西向一字排列。通过 Wi-Fi 无线网络，无线信号最终汇聚到果园控制室的总控箱内。用户可通过总控箱发送果园灌溉指令，经 Wi-Fi 无线网络对果园的无线网络节点进行控制，再通过无线局域网控制果园灌溉施肥施药。同时用户也可使用智能手机或电脑上的软件，通过移动无线网络向总控箱发送控制指令，进而经过 Wi-Fi 无线网络转发给每一个无线网络节点，从而实现对果园灌溉施肥施药的物联网远程控制。该系统设计主要是参照国家标准及行业标准。

标准包括：《节水灌溉工程技术规范》（GB/T 50363—2006)、《节水灌溉技术规范》（SL 207—1998)、《喷灌与微灌工程技术管理规程》（SL 236—1999）等。图4-2、图4-3分别为国家农业信息化工程技术研究中心设计研发的智能系列装备基于Web的设施果园水肥药一体化物联网控制系统管道连接示意图和设备现场安装连接图。

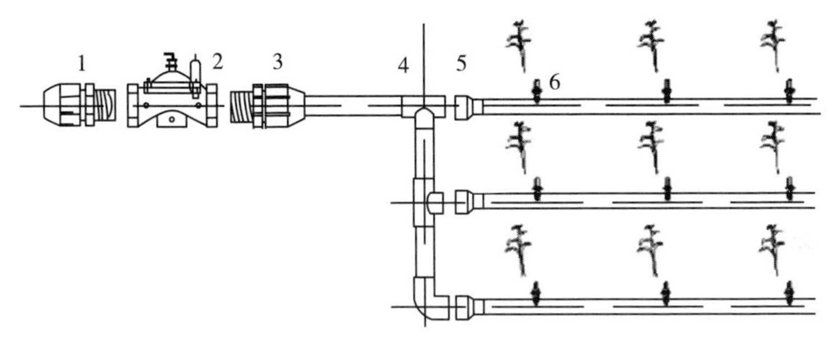

图4-2　管路连接示意图

图4-3　设备现场安装连接图

系统用于监测设施果园环境下的空气温湿度、地表面土壤温湿度、地下 20 cm 土壤温湿度、40 cm 土壤温湿度、60 cm 土壤温湿度等参数，并通过无线网络实时回传至云端数据库。用户可使用电脑或智能手机访问 Web 网站查看、管理、统计、分析果园环境数据。为了实现水肥药一体化的远程控制，并将作业历史数据进行远程管理，技术人员开发专门基于 Web 的信息化服务平台，实现果园的信息化管理。该系统通过 Web 信息化服务平台进行果园肥药信息的统计分析，在线提供肥药作业的参数推荐，并采用分布式结构，实现多节点、独立分区的施肥施药物联网控制技术及装备的布设，突破施肥施药一体化节点组网单一的局限性布点方式。该系统在灌溉的过程中，可以具体实现以下功能：

第一，人工干预灌溉：根据用户设定的不同作物多个阀门的灌溉参数，可实现一次性多个阀门的自动灌溉控制。

第二，定时定量灌溉：根据用户设定的不同作物多个阀门的灌溉参数，系统可实现一个月内多个阀门的自动灌溉控制。

第三，条件控制灌溉：利用土壤水势传感器监测土壤的含水量，实现多个阀门的全自动灌溉控制。

第四，过滤器反冲洗：当自冲洗过滤器两端的压差达到设定压力时，计算机可自动控制过滤器逐一进行冲洗。

第五，灌溉信息的统计、查询、打印功能。

（二）关键技术

1. 灌溉控制

灌溉分为人工干预、定时定量、条件控制 3 种灌溉控制方式。不论哪一种控制方式，当达到灌溉开始条件时，先打开田间阀和主控阀，然后启动水泵，开始进行灌溉。当一组阀门灌溉结束时，先打开下一组阀门，再关闭正在灌溉的阀门（让水泵一直处于运行状态）。当所有正在灌溉作业的田间阀灌溉完毕，先关闭水泵，再关闭主控阀和田间阀，一个灌溉过程便结束。

2. 营养控制

营养液控制方式也分为人工干预、定时定量、条件控制 3 种。当运行营养液时，计算机系统根据选定的配方和已设定好的营养液 pH、电导率（EC），利用文丘里注肥器进行水肥混合。同时在线实时监测混合营养液的 pH、EC，根据 pH、EC 设定值与检测值之间的偏差来调整混肥阀的注肥频率，在短时间内使营养液的检测值和设定值之差达到允许的范围。当一组田间阀门作业结束时，先打开下一组阀门，再关闭正在运行的阀门。当所有需要开展作业的田间阀作业完毕，先关闭注肥泵和水泵，再关闭正在运行的所有阀门，结束控制。

3. 过滤器自动反冲洗控制

过滤器反冲洗有两种控制方式，一种为自动控制，一种为计算机手动控制。自动控制是利用差压开关监测过滤器进、出口两端差压。当过滤器由于堵塞，两端差压达到设定值时，立即中断当前的工作。对过滤器组依次进行反冲洗，冲洗时长可任意设定。冲洗完毕，恢复系统原来的运行状态。过滤器反冲洗手动控制是当控制人员认为过滤器需要反冲洗时，通过点击反冲洗程序界面上的启动键，随时可进行过滤器的反冲洗，冲洗方式与自动控制相同。

4. 优先权控制

根据不同控制的重要程度和紧急程度，系统控制的优先权级别划分为 3 级。最高级为过滤器反冲洗控制，即不论系统正在执行什么任务，只要接到过滤器反冲洗指令，立即中断当前的工作，执行过滤器反冲洗控制，反冲洗完毕，恢复系统原运行状态。次高级为人工干预灌溉控制。最低级为定时定量和条件控制灌溉控制。任何高一级控制都可随时中断比它级别低的控制，并可逐级恢复中断前系统的运行状态。这样，使系统在应用上更加方便实用。

（三）效果

第一，使普通滴灌系统能够严格执行轮灌制度，由随意灌溉走向科学灌溉，节约用水和用电 10%以上。

第二，使“少食多餐”、高频灌溉技术能够真正实现，促进了作物稳健、持续生长和高产、高效益，产量提高8%以上。

第三，提高了劳动生产率，降低了劳动强度。人均管理定额由50亩提高到300亩，管理费用由每亩120元降低到每亩20元。

第四，避免了人为开闭阀门对作物造成践踏、灌溉时间不一致导致作物生长不均匀等影响，提高了作物产量。

（四）小结

第一，基于不同载体的果园水肥一体化控制系统，通常用传感器作为数据采集源，电磁阀作为控制终端。通过数据交换与处理，控制系统对果树生长环境中的土壤水分、空气温湿度、光照强度和水池水位等数据进行实时采集并分析入库。同时，通过计算机或者移动设备对环境参数进行设置，并根据果树生育周期内需水、需肥的技术要求，经过逻辑判断来达到手动或自动控制电磁阀执行设备，完成灌溉、施肥作业以及缺水缺肥的报警，实现物与物、物与人、所有物品与网络连接，方便识别、管理和控制。移动终端系统能够安装在携带方便的智能移动设备上，随时随地远程观察田间动态，并进行水肥控制。

第二，果园水肥一体化控制系统能够实现节水灌溉的自动控制。一般的系统通过编辑灌溉程序，可以设置灌溉时长和开始时间，设置施肥量和施肥时间，设置滴灌开启和停止的湿度。当到达灌溉时间时，相应的灌区按照计算机指令自动轮灌，当运行完设定时长的灌溉后田间对应灌区的电磁阀便会关闭。在灌溉过程中，预先按照灌溉施肥目标，按照比例配好待用肥液，设定好施肥量和施肥时间。在灌溉时可以自由设定施肥时间和管道冲洗时间，以防止滴灌系统化学堵塞。控制系统发出灌溉指令，系统会按设定程序注入事先配好的肥液，这样能够精确控制灌水量和施肥量，显著提高水肥利用率，有利于果园实现标准化栽培。

第三，果园水肥一体化控制系统中的水肥管理模型利用还不够充分，基本还处于初级阶段。在下一步研发中，将加强不同果树品种的水肥模拟模型研究，使系统更加具有针对性，更加智能化，更好实现灌溉施肥效果，提升果品品质，减少人工干预，更好实现节水、节肥和节约劳动力，以提高系统的使用效益。

三、果园病虫害自动监测

病虫害是果园种植中经常会遇到的关键问题，土壤环境、气候条件和种植技术的不同给果园病虫害的发生创造不同条件。监测、预报果园病虫害的发生，准确、及时地制定综合防治计划，采取必要措施，有效减少果园病虫害的发生，是保质保量生产优质果品的前提条件。现代信息技术的运用，使得病虫害防治工作可以有目的、有计划、有重点地进行，从而保证果园经济的持续、高效发展。

（一）工作原理

病虫害管理信息系统是一个由人和计算机组成的人机交互式系统，能进行果园病虫害监测信息、地面灾害调查信息及横向信息的收集、传递、存储，并能加工和提取与农业灾情评估相关的信息，进而对未来的发生期、发生量、危害程度等进行估计，预测病虫害未来的发生动态，并及早向有关领导部门、植物保护部门、生产人员提供病虫害情况报告，从而实现病虫害的预报功能，帮助职能部门进行管理和决策。病虫害管理信息系统监测工作的具体流程是：第一，搭建在田间的智能病虫害监测设备，能够无公害诱捕杀虫、预测病情，绿色环保。第二，利用 GPRS/4G 5G 移动无线网络，定时采集现场图像，将图像自动上传到远端的物联网监控服务平台，工作人员可随时远程了解田间病虫害情况与变化，制定防治措施。第三，通过系统设置或远程设置后自动拍照，将现场拍摄的图片发送至监测平台。平台自动记录每天采集数据，形成病虫害数据库，可以各种图表、列表的形式展现给农业专家进行远程诊断，并将人工智能技术与植保专家知识有机结合，实现病虫害的动态预测、决策，向用户发布有关果树病虫害分布、监测与防治的信息。同时利用空间分析、监测等功能向基层管理部门或用户发布相关病虫害分布信息，让其了解病虫害发生情况、流行趋势，为其提供防治方法。该系统为病虫害防治提供了不同生长季节的管理决策支持，并能将病虫害的险情转化成清晰、直观的图像。实现融3S技术、网络、果树病虫害诊断防治动态监测技术于一体的、面向多级用户的、独立的果树病虫害管理。

（二）关键技术

1. 地理信息系统（GIS）

GIS是采集、管理、处理、分析、显示、输出多种来源的与地理空间位置相关信息的系统，随着与遥感、全球定位系统相结合的3S集成以及计算机互联网的迅速发展，在农业病虫害管理信息系统中可以发挥更重要的作用。病虫害发生的环境信息对于灾害预报、评价和防灾减灾决策也很重要。借助GIS将不同来源的数据有机地集合在一起，建立多种地理空间数据库和属性数据库以及图形显示的直观性和形象性专题图。在数据库基础上，可将各种数据或分析成果以专题图的形式直观而有效地显示出来，并可进行人机交互式地设计、修改、输出，在这些数据的基础上，通过与各种专业模型结合实现空间分析功能，为实现详细、迅速的农业病虫害分析创造了条件。

2. 植物本体传感器

植物本体传感器能实时或阶段性地监测植物茎秆粗细的变化、叶面的温度、茎流速率、果实增重与膨大速率、植物的光合作用等植物本身的一些参数，能直观地反映植物的生长状态。通过对作物参数的测量可直观反映土壤或空气环境参数对作物的影响，从而指导用户更加科学合理地调控生产环境，以达到作物高产优质的目的。

3. 自动虫情测报系统

自动虫情测报系统是通过远程可拍照式虫情测报灯改变测报工作的方式。具体可通过系统远程随时发布拍照指令，获取虫情照片，也可设置时间自动拍照上传，无线发送至监测平台。平台自动记录每天采集数据，形成虫害数据库，可以各种图表、列表的形式展现给农业专家进行远程诊断。这些数据通过手机、电脑即可查看，不需要再下田，从而简化了测报工作流程，保障了测报工作者的健康。同时，应用不同波长诱集灯诱虫，进行捕虫、红外杀虫、接虫和除虫等。

（三）效果

第一，通过果园病虫害自动监测，可以及时对果树病虫害防治进行预警，农户及时、准确地诊断，对症下药，从而保障产品质量，提升产品销售价格。

第二，通过远程监控，用户可清晰直观地实时查看种植区域果树的生长、病虫害和自然灾害情况，对突发性异常事件可及时指挥和调度，解决了传统的人工实地查看环节费时费力的问题，节省了大量劳动力。

四、果园生产智能装备

（一）果树对靶施药

施药是果园种植中的重要环节。实行对靶变量施药是最大限度减少施药量和降低化学污染的重要技术措施，可以实现施药的精准化、自动化和智能化，减少农药的浪费，并避免农药残留，从而保证食品安全。

1. 工作原理与技术路线

果园对靶喷药机通过机器视觉技术和各种传感器（如超声波传感器、光谱传感器、叶色素光学传感器等）精确探测喷洒靶标，通过速度传感器实时测定机械的作业速度，融合树冠面积信息和距离信息；通过模糊决策判断树木大小和距离；利用系统携带的微控制器控制喷头的开启与闭合，从而实现在有果树的地方喷洒化学农药，没有果树的地方停止喷洒，减少农药浪费。其隔膜泵与拖拉机的动力输出轴相连，泵运转后将药液注入管道并为药液加压，管道中的压力调节阀可以调节喷药压力。喷药机利用液力先将药液雾化，然后靠风机产生的气流使雾滴进一步雾化并输送到靶标上。携带有细小雾滴的气流驱动叶片翻动，使叶面的正、反面都能附着药滴。喷药机采用触摸屏作为人机交互界面，方便更改作业参数，实时显示喷洒作业信息。整个喷药机系统可进行自动作业，不需要人为干预，提高了生产效率。果园对靶喷药机主要用于果园果树以及园林苗木化学农药的高效喷洒。

果园对靶喷药机技术核心是获取农作物病虫草害的差异性信息，应用变量施药技术，根据不同的病虫害程度进行有差异的施药。精准喷施过程中对靶喷施系统不断检测喷施目标的特性，用目标信息来决定所需要的喷雾输出特征，以改善农药喷施过程的有效性和准确率。图 4-4 为对靶变量喷雾控制系统。

图 4-4　对靶变量喷雾控制系统

根据对靶变量喷雾控制系统设计要求与目标，对靶变量喷雾控制系统包括：给药单元、变量喷雾控制单元、变量喷雾检测单元、施药单元、机器视觉对靶单元5个部分。

第一，给药单元：负责整个系统药液的供给。

第二，变量喷雾控制单元：是系统的核心，根据机器视觉对靶单元传过来的喷雾方案进行变量喷雾，并根据变量喷雾检测单元检测的实时喷雾状况，完成对变量喷雾的调整。

第三，变量喷雾检测单元：实时监测喷雾状况，并把数据反馈给变量喷雾控制单元和机器视觉对靶单元。

第四，施药单元：完成整个系统药液的喷洒。

第五，机器视觉对靶单元：通过机器视觉采集现场作物的图像信息，并根据预先制定的图像处理算法对图像进行处理；完成喷雾方案的确定，对变量喷雾控制单元和施药单元进行决策。

对靶施药主要就是通过机器视觉技术和各种传感器精准定位果树靶标的位置，从而施药。机器视觉技术需要结合预先制定的算法对图像进行处理，而传感器技术可以直接对现场信息进行监测。

（1）红外传感器

近红外技术是一种快速分析技术，具有操作简便、探测快速、成本低、多分组可同时测定等优点。该技术的基本原理是，其对靶部分选用红外传感器，选取的光波段为近红外线段，并将其分为上、中、下3段进行探测控制。红外传感器利用红外发光管发射出的红外线照射到果树上，通过对不同果树形态的准确探测和判断后，反射回来的红外线若被接收器接收，即可确定目标位置，并将接收到的光信号提供给喷雾控制系统，并转化为开关控制信号，以控制相应对靶喷雾装置上的喷头动作。同时可以实现对靶喷药，并可以结合拖拉机的行驶速度调节喷药量。红外传感器从采集到下达喷雾信息的总处理时间为0.579 s。近红外光电探测技术由于其具有响应速度快、非接触探测、抗干扰性好、精度和分辨率较高、成本较低、结构简单、体积小等优点，因而被广泛应用于在线实时检测和探测领域。

（2）超声波传感器

将超声波传感器和喷雾控制器相连接，而喷雾器两侧的喷头则根据探测到的果树大小和形状来判断，并由控制器控制相应的喷头开启进行喷雾。安装在驾驶室内的控制器可以显示已喷雾的果园面积、每小时的喷雾面积、喷雾机平均行驶速度，并能根据车速变化实现喷药量的变量控制，借助靶标探测实现在线控制。依据喷雾机行走速度变化和可触控液晶显示器设定单位面积施药量，通过超声波传感器探测靶标信息实时调整喷药量，能实现喷头独立开闭的施药控制。同时，超声波传感器还有个存储位置，用于存储不同果园的果树株距、理想喷雾作业速度等相关喷雾作业参数。经对果园喷雾作业试验，将超声波传感器与喷雾控制器相连接具有良好的喷雾控制效果，采用该技术的喷雾机与传统喷雾机相比，它可节省37％的施药成本。

（3）图像传感探测技术

该技术的识别方式是通过机器视觉技术捕捉、处理和分析农林作物图像，并利用图像中所包含的作物、杂草及背景的形状、纹理和颜色信息对它们进行分类，以实施有针对性的农药喷施作业。基于实时采集到的靶标对象的有效特征和信息来自动对靶进行喷雾，是图像传感探测技术的重要环节。该技术尽管识别率较高，但成本也相对较高，距离实际应用还有一定的距离。在基于图像传感器的喷药系统中，图像传感器一方面能够获取大量的靶标信息图像，这为靶标的精确定位和对其实施喷药控制提供了信息基础。但另一方面，由于所获得的图像信息量过大，又导致图像的处理速度较慢、响应时间变长，又有可能导致喷药出现误操作的情况。

2. 效果

第一，果园对靶喷药机大幅度提高了喷药速度，减小了操作人员的劳动强度，改善了工作条件。

第二，节省农药并提高了药液在靶标上的覆盖密度和均匀度，减少了农药的使用，提升了农药利用效率。

第三，可以减少农药的使用量、防止农药的危害。一方面保证了食品安全，另一方面使资源得到节约、生态环境得到保护，促进了农业方面的可持续发展。

（二）智能疏花机

果树疏花是提高果实质量、减少养分消耗、促进花芽分化和持续稳定丰产的重要措施之一。果树疏花有人工疏花、化学疏花、机械疏花 3 种方式。传统的人工疏花效率低、人力投入大。化学疏花比传统的人工疏花作业效率高，但无法解决果品农药残留和环境友好型的问题。机械疏花作为一种疏花方式，最早出现在 20 世纪 80 年代。喷雾疏花可以显著降低坐果率，提高果品品质特别是果实质量和大小。机械振动疏花最初是采用树干振动的方式，疏花过程中不用接触花穗，但难以保证剩余花量分布的均匀性。后期经过发展的手持式树冠振动疏花器，其试验结果表明在株产、坐果率和平均单果质量方面与人工疏花无显著差异，但疏花成本显著降低。可以手动调节作业高度与角度的手持式机械柔性疏花器，能够适应果树冠形，安装传感与控制器件后还能实现仿形疏花。机械疏花又分为机械柔性疏花与短截疏花两种方式，在坐果数、单果质量、果实大小方面没有显著差异，胶条组转速和间距对疏花时间、疏花率有显著影响。近年来，长转轴、宽幅作业的车载式液压仿形疏花机设计备受关注。Schupp J. R. 等对一种基于树冠振动原理的车载梳棒式疏花机进行了试验，测定振动疏花后收获的果实大小相比人工疏花提高了 9%。德国 Darwin 系列车载柔性疏花机利用离心力使塑料条击打树冠进行疏花疏果，田间试验测得高树冠部位的疏花效果好于低树冠部位，而且作业时转轴转速与拖拉机行驶速度的相对变化对疏花率的影响较大。Sauerteig K. A. 等研究表明，随着车载柔性疏花机塑料条转速的增加，桃树坐果数和单株产量呈线性下降的趋势，且单果质量明显提高，果实大小显著增加。Hehnen D. 等设计了一种采用 3 根平行斜置式转轴结构的车载柔性疏花机，作业效果相比 Darwin 系列疏花机有所改善。机电一体化、多光谱检测、图像识别等技术已应用于疏花机的测控系统，使果园疏花机械呈现智能化的发展趋势。为实现车载式疏花机自动化作业和提高机械疏花效率，作者团队设计了一种悬挂式电动柔性疏花机，其对仿形疏花控制系统进行设计，并通过开展田间试验来分析系统的动态控制效果，以期为果园疏花机械的结构设计以及运行控制提供参考。

1. 疏花机结构与工作原理

果园智能疏花机包括行走装置、导航装置、遥控装置、疏花装置。导航装置由控制器、方向盘伺服电机、方向盘电机驱动器、超声波传感器、前轮转角传感器、速度传感器组成，用于控制行走装置环绕果树实施自动行驶。遥控装置由遥控天线、控制器组成，用于控制行走装置在果树行间行驶。疏花装置主要由疏花电动机、联轴器、转轴、疏花胶条组成，可根据果树的形状和高度，调整疏花装置的作业高度和角度。同时能够根据果树的类型，调整疏花装置中疏花胶条的安装个数和位置，对不同品种果树的疏花蔬果作业具有很强的适用性。果园智能疏花机有导航和遥控装置，可实现果树周围多方位的疏花蔬果，提高作业效率，解放劳动力。

机械式疏花机可采用悬挂的方式，悬挂式柔性疏花机采用传感探测定位的方式，控制仿形疏花机构可达到匹配果树冠形的空间位置任意调节和自动化作业。驱动控制系统有液压式和电力驱动，电力驱动系统具有空间布置灵活和控制响应快速的优点，在中小型伺服控制以及分布式控制系统中应用广泛。根据机械柔性疏花机旋转惯性小、运行功率低的特点，一般采用电力驱动系统设计悬挂式柔性疏花机。悬挂式电动柔性疏花机总体结构由悬挂底板、活动底座、平移套件（平移步进电动机、平移丝杠、滑块等）、仿形套件（仿悬挂底板）与拖拉机进行 3 点悬挂连接，固定在悬挂底板上的平移步进电动机的输出轴，通过联轴器与平移丝杆连接。疏花机整体的运动由微处理器发送角度控制信号驱动仿形步进电动机工作，带动疏花架绕活动底座转动到与目标果树冠层平行的角度位置。通过控制疏花无刷直流电动机带动疏花胶条组以不同的转速甩击果树花穗，从而达到实现机械化柔性疏花。

2. 效果

果树疏花机已在我国北方的苹果、桃，南方的荔枝等树种种植中得到试验应用。河北省水果产业技术体系创新团队在保定市两个试验示范基地完成了果树疏花装置的疏花试验。试验地点为顺平县金线河现代农业园区（位于顺平县西阎家庄村）的主干型桃园（图 4-5）和河北丹凤山农业开发有限公司（位于唐县马家佐村）的矮化密植型苹果园（图 4-6）。试验对比了不同材质、不同长

图 4-5　桃花疏花作业

图 4-6　苹果花疏花作业

度、不同密度疏花条的疏花效果，选出了较为优化的方案，为装置的进一步改进和在生产上的应用提供了依据。该果树疏花装置由河北农业大学研发设计，试验由河北省水果产业技术体系创新团队，国家苹果产业技术体系、国家桃产业技术体系等专家联合进行，实现了农机与农艺的融合、国家与省现代农业产业技术体系的联合，旨在集中力量、形成合力，解决河北省规模化水果生产轻简化、机械化的作业需求。

（三）农产品分级分选机

随着农产品市场化程度和人们消费水平的提高，农产品的质量和品质越来越成为消费者的关注重点。因此，对农产品品质进行检测并且分级，不但对提高农产品的附加值、增强市场竞争力，而且对促进农民增收也有很大帮助。随着计算机图像处理技术、机器视觉技术的发展和成熟，农产品分级分选已由人工分级、机械式分级、电子分级发展到了机器视觉分级。

果品分级是果品进入市场前一个非常重要的环节，直接关系到后续包装、运输、贮藏和销售。由于采后分级技术水平低等因素，作为水果干果生产消费大国及世界第一生产大国，我国出口的果品在国际市场缺乏竞争力。一方面，国内外专门用于各类水果分级的设备少，全自动分级的设备机械结构复杂，价格通常比较昂贵。另一方面，果品品质检测也是果品分级的重要依据，水果的外部品质主要根据它们的颜色、纹理、尺寸、形状和表面的缺陷进行评估，外部品质是它们最直观的品质特征，直接影响它们的市场价格和消费者的购买欲望；内部品质主要取决于它们的糖度、酸度、硬度、可溶性固形物含量、淀粉含量、水分和成熟度及其他营养元素的含量，内部品质是它们的价值的体现；品质安全主要通过对动物粪便等外来物污染、各种病害、品质劣变、细菌感染和农药残留进行检测评估，它关系到消费者的饮食安全和健康，是水果最为重要的品质特征。

目前果品的品质与安全主要是通过传统的化学方法进行检测，

化学方法是一种费时费力的破坏性检测技术。随着成像和光谱技术的快速发展，高光谱成像技术已经广泛应用于农产品品质与安全的快速无损检测中，大量的成功案例也已经证明了高光谱成像技术是食品和农产品品质与安全检测的科学有效工具。高光谱成像技术融合了传统的图像技术和光谱技术的优点，获取的高光谱图像具有“图谱合一”的特点，即同时含有图像信息和光谱信息。图像信息可以用来检测水果的外部品质，而光谱信息则可以用来检测它们的内部品质和安全性。利用高光谱成像技术检测水果品质与安全的研究工作已经得到众多研究机构的重视，各研究机构分别开展了高光谱成像技术的检测原理以及应用技术的研究，包括高光谱成像技术在果品外部品质、内部品质和品质安全无损检测方面的基本原理、最新的发展和应用案例。

1. 工作原理

分级分选系统通常主要包括机器视觉系统和机械系统（定向排布输送系统、分级执行机构系统、传动系统、控制系统）。将农产品置入设备的排布输送管道，进行整理排布以后，到达图像采集区进行农产品信息的采集。视觉系统中CCD摄像机可以将所要识别的实物以图像的形式记录下来，采集的信息可根据分级的农产品来设定参数，比如颜色、大小、表面缺陷、形状和纹理等等；由插入计算机内部的图像采集卡将摄像机采集到的电模拟信号转换为数字信号，将图像数字化，然后计算机对图像的数字信号进行所需要的各种处理并与分级执行机构配合完成分级执行动作，最后进入传动系统。农产品分级分选机研究主要集中在水果、蔬菜等农产品外部品质的检测分级，主要有颜色分级、大小分级、表面缺陷分级、形状分级和纹理分级等。

常见的农产品无损检测技术按其检测手段可分为以下种类：分光检测技术（根据光波长的不同可分为可见分光法、近红外分光法、紫外分光法等）、机器视觉检测技术、介电特性检测技术、声学特性及超声波检测技术、力学检测技术、X射线检测技术、核磁共振检测技术、生物传感器检测技术、电子鼻与电子舌检测技术等。在目前的农产品分类分级系统中，应用较多的如 X 射线和 γ 射线用于农产品密度变化有密切联系的品质因素检测，如苹果压伤、桃子破裂和土豆空心等。电分选技术用于小型籽粒的分选。光电技术用于大米、果蔬等的加工分级。机械分级用于检测水果表面缺陷，对于水果内部的品质无能为力。计算机视觉系统分级分选方法用于农产品外表形状、色泽等因素的分级。核磁共振技术是一种具有极高分辨率的分析技术，能分析农产品内部的清晰图像及结构分布。目前，基于机器视觉技术的分级分选是农产品无损检测设备研发设计应用的主流技术。

典型高光谱成像系统主要由面阵相机、分光设备、光源传输机构及计算机软硬件等 5 部分构成。光源是高光谱成像系统的一个重要部分，它为整个成像系统提供照明。分光设备是高光谱成像系统的核心元件之一，分光设备通过光学元件把宽波长的混合光分散为不同频率的单波长光，并把分散光投射到面阵相机上。面阵相机是高光谱成像系统的另一个核心元件，光源产生的光与被检测对象作用后成为物理或化学信息的载体，然后通过分光元件投射到面阵相机。计算机软件和硬件用来控制高光谱成像系统采集数据，针对特定的应用进行图像和光谱数据的处理与分析，同时还可以为高光谱图像提供存储空间。

2. 功能

未经过分级分选的农产品优劣混杂，不仅造成农产品同质不同价的问题，优质产品得不到相应价格的体现，而且腐烂的农产品还会导致与之接触的优质农产品的霉变或腐烂。采用农产品分级分选机对农产品进行严格检测分级，就可避免人工分级分选劳动强度大、错误率高和主观性强的问题，整体上得到了质量和品质的提高，而且将会增加销售量，提高农民收入水平。

五、小结

果园物联网技术和软硬件系统对于果园种植生产的意义重大。

一方面，主要体现在对生产管理的意义上。就我国目前果园的管理方式来看，大多数采用的粗放式管理政策，对果园产业的发展带来了许多的不利，包括不合理的施肥、灌溉现象，导致了果园产业出现水资源缺乏、害虫得不到治理的问题。因此，果树种植产业在物联网技术上的应用存在着巨大的潜力和应用价值，尤其是在生产管理方面。在国外，果树产业的物联网应用水平较高。国内果园种植物联网技术产品在研发方面已经取得很大进展，但是在产品的成熟度、稳定性、推广范围等方面还存在不足。物联网技术有助于在实现信息化、数字化的基础上提升果园种植企业和农户的生产效率，降低资源投入成本，减少由于过量投放带来的环境污染。

另一方面，应用物联网技术进行果品质量安全监测，有助于实现对果树产业源头的管理。由于公众生活水平的提高，公众对生活质量的要求也越来越高。在水果的层面上，人们也逐渐关注水果的质量和安全。为了追溯果树产业的源头，也可以利用物联网技术对此进行管理。这项管理是公众最关注的，因为涉及人们的食品安全问题。果品属于典型的周期型生产产品，其特点是生产过程不能逆转。果品安全管理包括生产、加工、存储、运输和销售等环节，每一个环节都有可能出现安全问题。运用物联网技术可以加强对果品从生产、流通到消费整个流程的监管，完善安全追溯系统，保障产品安全。

总体而言，物联网技术在果树产业发展上的应用，具有深刻广泛的积极促进作用。我国的果树产业还有巨大的发展空间，要结合物联网技术提高果树的产量，保证果实的质量，促进果树产业的发展。

第三节 应用模式

一、苹果物联网精细生产管理系统

（一）公司物联网系统简介

烟台泉源食品有限公司位于素有“中国苹果之都”之称的山东

省栖霞市，是集果树种植、果蔬收购、存储、加工和销售于一体的综合型企业。长期以来，公司一直紧跟国际前沿管理理念和经营思想，在企业信息化建设方面投入大量人力、物力和财力。2011 年以来，公司先后投资 380 多万元将物联网技术引入公司经营管理领域，逐步实现了产、加、储、运、销的全程信息化管理和全程可追溯。

为实施生产精细化管理，推动公司农产品生产标准化进程，公司建设了烟台苹果物联网技术核心示范园。该园区总建设面积达 3 000多亩，直接带动周边苹果生产 2 万亩，辐射带动 10 万亩。在园区苹果种植基地，通过集成网络传感器技术、网络多媒体视频技术、地理信息系统（GIS）、全球定位系统（GPS）、智能分析模型等技术手段，公司建成了泉源苹果基地生产环境感知系统、无线宽带传输系统、苹果病虫害远程诊断系统、苹果生产精细化管理监控预警系统、精细化生产指挥决策系统以及苹果种植水肥药智能施放系统等多个公司信息化管理系统平台。并建设部署了泉源农业物联网综合应用服务平台。该平台通过将前端各类传感器（主要包含对空气温度、湿度、风速、风向、辐射、降雨量、土壤含水量进行快速监测的各类传感器）与后台综合分析管理平台进行科学集成，成为公司所有业务系统的集成门户。

（二）物联网系统解决方案

1. 生产环境监测

公司在 3 000 亩果园内布设农田生态监测站，配置气象站系统、土壤墒情监控系统及物联网农业信息化网站平台，采集温度、湿度、光照、风速、风向、二氧化碳浓度、降雨量、土壤温度、土壤湿度的数据。采集信号通过中国移动 GPRS 无线手机通讯网发往服务器，并传输到泉源农业物联网综合应用服务平台数据存储设备当中，提供互联网数据监测与查询服务。研发并部署物联网农业信息化网站平台，实现无线 GPRS 环境数据互联网远程发布与远程查询，对生产管理基地生产环境数据进行自动记录。并自动形成报表、曲线等可视化记录，供工作人员查阅。

2. 病虫害预警

泉源农业物联网综合应用服务平台通过建立果园病虫害发生发展水平观测记录系统，将果园中病虫害发生特点、发展情况、果树品种、栽培管理、气候条件及病虫越冬数量等数据记录下来，并综合相关分析，掌握病虫害的基本发生发展水平和动态规律。结合实际环境情况，园区进行病虫害的发生发展动态跟踪，实现真正意义上的病虫害精确管理，建立了完整的苹果病虫害监控体系，对当地苹果常发病虫害的特征、环境条件等进行系统整理，建立病虫害防治的知识库。该平台通过实时园区环境参数的智能分析对病虫害发生进行预警，并由专人负责病虫害的监测与防治指导，为掌握有利防治时机和科学防治手段提供信息依据。

3. 测土配肥

泉源农业物联网综合应用服务平台引入了园区所在地的测土配肥项目土壤数据库，结合现有果园资源状况，针对果园土壤性状进行统计分析，提出最佳配方施肥方案。通过基于物联网技术的施肥喷药一体机、灌溉施肥机等农业水肥药调控管理智能装备，根据实时采集的土壤墒情数据以及多年来积累的苹果生长期所需水肥情况，公司在示范园区布设自动化灌溉控制系统，通过生产环节的决策和专家经验构建经验模型，指导水肥灌溉控制，形成闭环控制系统，实现安全生产、肥药精确调控，从而大大节省施药与施肥量，有效改善果园产地环境质量。

4. 质量安全追溯

农产品质量安全社会化追溯平台功能可划分为七大部分：系统设置、系统管理、用户管理、追溯信息管理、企业管理、企业追溯官网、政府管理、数据接口。公司农产品质量安全全程可追溯平台能够连接种植、仓管、加工、物流、销售各个环节，让消费者清楚地看到农产品的生产和流通过程细节信息。消费者可通过手机等设备扫描产品外包装的二维码，便可追溯产品的生产基地、具体果园、果实生长、产品生产包装日期等全过程相关信息，从而提高消费者信任度，为消费者提供权益保护手段。

（三）经济效益

通过合理科学的管理，烟台泉源食品有限公司物联网技术的落地实施应用，提高了生产基地的科学管理水平，有效控制了农药、肥料的使用品种、数量和频率等。这样既节约了生产成本，又有效保证了产品质量安全。通过对土壤温湿度、pH、二氧化碳浓度等数据的监测，使土壤墒情得到了有效控制，这样，既调节了果树生长周期，延长了盛果期，又提升了果品品质和产量。据统计，公司基地的果品优质果率提高了20%，大果率提高了15%，产量也上升了8%，销售收入增长了13%，带动基地农户亩均增收1 800元，辐射带动农户户均增收2 100元。此外，还降低了公司的人力、生产、管理成本。与传统生产管理模式相比，每亩地可节省劳动力6%，节省用工时间8%，水肥利用率能够提高8%，每亩节约成本7%，原材料损耗下降了1%，企业综合成本降低6.5%，农户户均增收2 100元。

二、猕猴桃ERP* 智能管理系统平台

（一）公司物联网系统简介

四川华朴现代农业股份有限公司主要经营种植苍溪红心猕猴桃。基地规模面积达2.8万亩，以物联网为主的信息化投入达2 200万元。公司在柳池、青龙两个基地安装大型物联网系统2套，成功开发ERP智慧农业管理系统软件一套。

华朴智慧农业物联网ERP系统主要由传感器、无线采集器、智能网关、无线控制器、RFID标签和读写器、摄像头、液晶显示器大型拼接屏、无线接收手机等基本部件组成，该ERP系统主要分为感知层、网络层和ERP网络应用层。

---

* ERP（Enterprise Resource Planning），即企业资源计划，是指建立在信息技术基础上，以系统化的管理思想为企业决策层及员工提供决策运行手段的管理平台。——编者注

1. 感知层

主要由常见的传感器、RFID设备、视频监控设备等数据采集设备组成，实现将数据采集设备获取到的数据通过ZigBee节点、CAN（控制器局域网络）节点等通信模块传送至物联网智能网关，做到现场数据信息实时检测与采集。此外，上层应用系统下发的控制命令，通过物联网智能网关传送到继电器控制设备，远程控制水肥一体化设施开关。

2. 网络层

通过LAN、WLAN、CDMA和5G等技术的相互融合，实现现场数据信息和上层控制命令实时准确地传输与交互。

3. ERP网络应用层

主要是对基地进行猕猴桃种植、管理、营销、产品质量可追溯的数字化控制与管理。同时，为合理生产提供决策支持。

（二）物联网应用解决方案

1. 环境监测

华朴智慧农业物联网通过ERP管理软件，可广泛采集红心猕猴桃种植基地的空气温度、空气湿度、土壤温度、土壤湿度、光照强度、二氧化碳浓度6种常用环境参数。结合5G通信技术、图像监测技术，对温室环境进行有效监测控制并预警，实现猕猴桃种植、管理、营销、产品质量可追溯的数字化、网络化。

2. 智能灌溉

智能灌溉可以实现保墒增肥功能。当土壤湿度、墒情、肥力低于设定值时，系统便启动水肥一体化系统，进行滴管与液态施肥，直到达到设定值为止。

3. 生产管理功能

对猕猴桃生产基地进行作业安排、生产管理、物资管理，职业农民和技术人员可通过手机软件程序对作业互动和监督反馈。

4. 产品直销功能

基地可通过ERP/3G网络访问功能，实现消费者在基地直接购买放心果品。

5. 产品质量可追溯功能

通过该 ERP 管理系统，生产园区采用智能远程信息与相关数据收集的方式，实现农产品从源头开始的全程监控。消费者可通过商品包装上的条形码或公司信息平台查看产品生长过程中所使用的肥料、农药以及所处生产环境（包括大气环境、土壤环境）等数据，做到全程可追溯，保障有依据。

6. 远程管理指导功能

一是基地管理者可通过 ERP/3G 网络访问功能用手机了解基地内部环境的各项数据指标，实施远程管理控制；二是专家可进行远程技术指导。

（三）经济效益

1. 减轻劳动强度

该 ERP 管理系统的建立，使得基地每亩节省劳动力 20 个，每亩节本增收 2 500 元。

2. 实现节本增效

用该 ERP 管理系统实施水肥一体化，每亩节约肥料 10 kg，节水 660m^3，节约成本 138 元。

3. 提高了产品的质量与价格

基地内农产品的标准化生产面达 100%，绿色猕猴桃果品达 85%以上，单价较一般同类产品每千克高出 2 元。

4. 提高了涉农人员的收入

经测算，通过该 ERP 管理系统的使用，涉农人员人均年增收达 5 000 元以上。

5. 生态效益显著

基地内二氧化碳排放量降比达 60%，农业面源污染降低 45%以上，绿色化生产面达 100%。实现产品质量可追溯 2.8 万亩，绿色猕猴桃果品达 95%以上。

第五章 设施园艺物联网

第一节 概 述

设施园艺作物多为高附加值的蔬菜、苗木花卉等作物，这些作物的生产管理需要实现精细化、标准化、现代化。传统的设施园艺生产作业主要靠人工的方式，费时费力且难以达到科学合理种植的要求。设施园艺物联网管控系统可有效解决这一问题，其核心任务是准确、快速、实时地采集大棚温室内环境参数（如空气温湿度、光照强度、二氧化碳浓度、土壤温湿度等），根据作物生长需要对温室大棚内环境调节设备（如风机、湿帘、滴灌、天窗等）进行智能控制，保证作物有一个良好、适宜的生长环境，真正使“作物—环境—栽培技术”构成的生产生态系统处于最佳生产状态，提升作物栽培的现代化水平，实现生产过程的智能化控制、科学化管理，达到作物高产高效、优质安全的目标。

设施园艺物联网在设施环境条件下，通过布设设施环境监测系统，采集设施内的空气温湿度、土壤温湿度、光照强度、二氧化碳浓度以及作物长势等数据，对设施环境进行全程监测。设施环境监测系统将获取的数据传输至设施园艺物联网平台，同时增加温室智能控制器、温室安全生产监控设备及温室精准施肥系统。设施园艺物联网根据作物生长特点、水肥需求或用户的需求设定温室环境参数阈值，根据阈值上下限启动或定制设备实现远程自动化、智能化管理，为后续农产品质量追溯提供数据支持，主要内容包括设施园艺环境信息感知、信息网络传输、信息智能处理或自动控制等 3 个环节。

第一，设施园艺物联网环境信息感知。设施园艺物联网环境信息感知主要是利用土壤、气象、光照传感器等信息获取设备，对温室生产的关键指标进行监测。实现对温室的温、水、肥、电、热、气和光进行实时记录与调控，保证温室内的有机蔬菜和花卉生长在良好环境中。

第二，设施园艺物联网信息网络传输。一般情况下，在设施内部通过无线终端，实现实时远程监控温室环境和作物长势情况。通过手机网络或短信的方式，监测大田传感器网络所采集的信息。以作物生长模拟技术和传感器网络技术为基础，通过常见蔬菜生长模型和嵌入式模型的低成本智能网络终端对温室中的设备进行智能控制。通过中继网关和远程服务器双向通信，服务器也可以进行进一步决策分析，并对所部署的温室中的灌溉等装备进行远程管理控制。

第三，设施园艺物联网信息智能处理或自动控制。通过对获取信息的共享、交换、融合，获得最优和全方位的准确数据信息，实现设施园艺的施肥、灌溉、播种、收获等的决策管理和指导。结合经验知识，基于作物长势和病虫害等相关图形图像处理技术，实现对设施园艺作物的长势预测和病虫害监测与预警功能。还可将监控信息实时地传输到信息处理平台，信息处理平台实时显示各个温室的环境状况。根据系统预设的阈值，控制通风、加热、降温等设备，达到温室内环境可知、可控。

第二节　关键技术

一、环境智能监测控制

依据温室大棚环境控制目标及参数特点，以物联网技术为支撑设计的温室大棚环境智能监测控制系统，通过空气温湿度传感器、土壤温湿度传感器、二氧化碳传感器、光照传感器等环境感知设备，实现对温室大棚环境参数的全面感知，并将温室内环境因子含量实时传输至数据平台，进行智能处理，达到温室大棚自动化、智能化、网络化和科学化生产的目标。设施园艺信息监测是设施环境调控的基础，环境调控模型是实现智能化控制的核心。

（一）设施环境信息采集监测

设施环境信息采集监测主要是设置环境数据采集点，由 ZigBee、Wi-Fi 等无线传输模块、电源、传感器及安装支架组成，通过无线网络与汇聚节点连接。设施环境信息采集监测内容包括空气环境信息（温度、湿度、二氧化碳气体浓度、气流速度、太阳辐射度）、土壤环境信息（温度、水分、孔隙度、营养液浓度与酸碱度）、植株生长参数（叶温、株高、茎粗、株幅、叶面积、叶色、水分蒸腾、果实形状）等关键指标。节点将采集到的这些数据经一定处理后经过无线传输模块发送到数据展示模块，做到对温室内环境因子的实时监控。

（二）设施环境智能调控

环境控制是设施园艺智能化的重要前提。依托不断提升精度和稳定性的环境监测传感器以及原位生理监测传感技术，通过无线传感器网络、物联网技术，融合 AI 技术实现信息通信传输。结合模糊理论、遗传算法等数学工具，让精细环境控制模型与植物生长模型相适应，逐步实现基于作物真实需求的环境精确控制目标。通过环境监控模块与视频监控模块数据统计分析，根据设施作物对生长环境的需求，实时对温室环境进行调控，如风机、湿帘、滴灌、天窗等。设施环境调控指标包括植物生长最适温度控制、湿度控制、设施内通风控制、有害气体浓度监测与控制，以保证设施作物最佳的生长环境。

（三）温室主要参数调控

1. 温室光照自动控制

光照控制主要有光照强度控制和光周期控制两种方式。这两种控制方式都离不开光照强度测定仪和定时器这两个传感器基本部件。常用的光周期控制方法有以下几种：①延长日照。这种控制方法是在傍晚天色变暗的时候开始补光。②中断暗期。这种方法应用光照将暗期分为两段进行补光。③间歇照明。这是智能化温室自动控制系统的研制与开发采用反复数次轮流暗期中断的方法进行补光，一般在大规模温室生产中采用人工补光栽培受电源容量限制时使用。④黎明前光照。采用从黎明前到清晨进行光照方式。⑤短日中断光照。一天中较短的时间有间断地让作物接受光照的方式。

2. 温室温湿度自动控制

温室空气湿度调节的目的是降低空气相对湿度，减少作物叶面的结露现象。降低空气湿度的方法主要有以下 4 种：①通风换气。这是调节温室内湿度最简单有效的方法。②加热。在温室内空气含湿量一定的情况下，通过加热提高温室内温度就能起到降低室内空气湿度的作用。③改进灌溉方法。在温室内采用灌溉、微喷灌等节水措施可以减少地面的集水，显著降低地面蒸发量，从而降低空气湿度。④吸湿。采用吸湿材料吸收空气中水分可降低空气中含湿量，从而降低空气相对湿度。有些情况下温室需要加湿以满足作物生长要求，最常见的加湿方法是细雾加湿，即在高压作用下，水雾化成直径极小的雾粒飘在空气中并迅速蒸发，从而提高空气湿度。

3. 二氧化碳浓度自动控制

实时监测温室内部的二氧化碳浓度，并根据作物生长模型对二氧化碳浓度的需求，通过二氧化碳发生器自动补充，满足作物呼吸要求。主要的二氧化碳补充方法有：①日光温室增施有机肥，提高土壤腐殖质的含量，改善土壤理化性状，促进根系的呼吸作用和微生物的分解活动，从而增加二氧化碳的释放量。目前此方法是解决二氧化碳肥源问题最有效的途径之一。②灰石加盐酸产生二氧化碳。此方法简单、价格低，这一组合是理想的二氧化碳肥源。③硫酸加碳酸氢铵产生二氧化碳。④施用二氧化碳粒肥。⑤采用二氧化碳发生器。

二、水肥一体化智能灌溉

温室水肥一体化借助压力系统，将可溶性固体或液体肥料按土壤养分含量和作物种类的需肥规律和特点配兑成的肥液，与灌溉水一起，通过可控管道系统供水、供肥。水肥相融后，通过管道和滴头形成滴灌，均匀、定时、定量作业，浸润作物根系发育生长区域，使主要根系土壤始终保持疏松和适宜的含水量。同时，根据不同作物的需肥特点，土壤环境和养分含量状况，作物不同生长期需水、需肥规律情况进行不同生育期的需求设计，把水分、养分定时定量，按比例直接提供给作物。

根据灌溉施肥机的控制决策方式，水肥一体化的控制与决策可划分为经验决策法、时序控制法、环境参数法和模型决策法。根据肥料形式，水肥一体化可划分为无机水肥一体化和有机水肥一体化。根据管理规模，水肥一体化管理系统可划分为单体或小规模水肥一体化管理系统、大规模水肥一体化管理系统。根据灌溉施肥的运行方式，水肥一体化施肥机可划分为固定式施肥机、移动式施肥机。根据回液是否处理，水肥一体化设备可划分为开放式水肥一体化设备、封闭式水肥一体化设备。根据肥料和水源的配比方式，水肥一体化设备工作方式可划分为机械注入式、自动配肥式、智能配肥式。

智能水肥一体化技术通过实时自动采集作物生长环境参数和作物生育信息参数，通过模型构建耦合作物与环境信息，智能决策作物的水肥需求。该技术通过配套施肥系统，实现水肥一体化精准施入，大大提高了灌水和肥料的利用效率。

在农业生产活动中，“物联网＋水肥”综合管理系统可以实时自动采集作物生产区环境参数和作物生育信息参数，并通过指标决策或模型决策控制系统进行智能灌溉施肥。农业生产园区通过对土壤水肥的精确控制实现水肥一体化精准施入，大大提高了灌水和肥料的利用效率。目前正在探索大型园区或基地高效节约低耗的水肥管理模式，要求这一模式具有覆盖生产示范园区和生产基地的能力，最终实现作物生产基地水肥管理的互联互通，管理所有的物联网精准灌溉控制系统；建立区域性或全国性水肥管理网络，实现农业生产基地的少人化管理。基于优化的水肥控制策略和灌溉决策模型达到节肥10%～20%、节水15%～25%的前提下，设施蔬菜实现增产20%，减少用工近20～25个/亩，节约人工成本1 600～2 000元/亩（80元/人·天），实现了灌水利用效率提高35%以上，化肥利用效率提高30%以上，劳动生产效率提高25%以上，综合效益提高在20%以上。

三、设施园艺机器人

农业机器人已成为世界热点。2017—2021年，全球人工智能在农业中应用的年复合增长率为22.68%。2016年的市场规模为27.6亿美元，当时预计2020年为111亿美元，2025年为308亿美元。农业机器人的广泛应用是人工智能农业领域市场快速发展的重要因素。

农业机器人是一种以完成农业生产任务为主要目的、兼有人类四肢行动、部分信息感知和可重复编程功能的柔性自动化或半自动化设备，集传感技术、监测技术、人工智能技术、通信技术、图像识别技术、精密及系统集成技术等多种前沿科学技术于一身。其在提高农业生产力，改变农业生产模式，解决劳动力不足问题，实现农业的规模化、多样化、精准化等目标方面显示出极大的优越性。目前，农业机器人研究成果已得到广泛应用，在苗床检测、补苗、整枝、运输、采收、施药等方面已开始替代人工。以番茄、黄瓜、甜椒为对象的果蔬采摘机器人，以草莓采摘为代表的浆果采摘机器人等研发进度很快，许多机型都已进入商业化测试阶段。其他诸如蔬菜嫁接机器人、综合巡检机器人、诊断机器人、叶菜采收机器人、落蔓机器人等均在加快研发和测试。

果蔬采摘机器人是针对水果和蔬菜，在不损害果实也不损害植株的条件下，按照一定的标准，通过编程，能完成果蔬的采摘、输送、装箱等相关作业任务的具有感知能力的自动化机械收获系统。其技术原理就是用彩色摄像头和图像处理卡组成的视觉系统，寻找、识别和定位成熟果实，然后用带橡胶手指和启动吸嘴的末端执行器，把果实吸住抓紧后，利用机械手的腕关节把果实拧下来而不损伤果实。同时，果蔬采摘机器人的行走机械有轮式或者履带式，能在田间自由行走。鲜果自动化采摘机器人是先进工业技术和装备在农业生产环境中进行创新应用的经典案例，是在基础理论研究和技术集成应用方面的研究成果，将对现代农业生产的节约高效发展具有重要影响。目前，先后已成功研发并使用的有番茄采摘机器人（图 5-1）、草莓采摘机器人、黄瓜采摘机器人、葡萄采摘机器人、甜瓜采摘机器人。

图 5-1　番茄采摘机器人

蔬菜嫁接机器人是一种集机械、自动控制与园艺技术于一体，将两种幼苗安插、结合到一起的高新技术设备，其利用传感器和计算机图像处理技术，实现了嫁接苗子叶方向的自动识别、判断，对于高矮不一的嫁接苗都可以保证准确的切苗精度。蔬菜嫁接机器人的工作流程分为抓苗、切苗、接合、固定、排苗的嫁接工序。蔬菜嫁接由穗木和砧木两部分组成，开花结果的苗叫“穗木”，把扎在土中吸收水分与营养的苗称作“砧木”。嫁接时，操作者把砧木和穗木苗放到相应的供苗台上，机械手夹取供苗台上的砧木，同时穗木机械手夹取穗木，嫁接苗放在切苗处；随后砧木切刀由下而上，将砧木生长点和一片叶子切掉，同时穗木切刀由上而下将穗木下端的茎秆切掉，机械手把彼此对应的砧木和穗木的两个斜面贴合在一起；最后用塑料夹子将砧木和穗木牢固地夹合在一起（图 5-2）。整个嫁接过程只需几秒钟，嫁接速度可达每小时 600 棵。与人工嫁接相比，嫁接机器人效率提高了 4～5 倍，成活率在 90%以上。它解决了蔬菜幼苗嫁接的柔嫩性、易损性和生长不一致性等难题，实现了蔬菜幼苗嫁接的精确定位、快速抓取、良好切削与接合固定。蔬菜嫁接机器人的嫁接对象主要包括瓜类作物，包括西瓜、黄瓜、甜瓜等，更换部件也可用于嫁接茄科作物如番茄、辣椒等。

图 5-2 蔬菜嫁接机器人

四、病虫害预警预报与绿色防控

病虫害预警预报技术可在作物生长期全程实时监测病虫害变化，系统地开展模型计算分析，全方位自动进行预警和预报，进而逐步改变传统的病虫害监测预警方式与手段，有效提升“四情”预测、预警、预报、防控病虫害的能力。

病虫害预警预报系统主要包括病虫害预警系统、病虫害动态视频监测系统、手持式病斑测量仪、田间孢子病害监测系统等。该系统应用光谱测量技术，实时获取染病植株图像并进行分析，获取植株叶绿素变化情况，在人眼可识别病害之前几天完成病害提前诊断，提前对病害进行处理，降低病害影响（图 5-3）；实时采集、监测区域病虫害信息，并通过图像处理算法等对病虫害状况进行远程识别、诊断，提供决策支持信息，达到病虫害实时远程监测的目的，提高监测效率。该系统应用手持式图像采集及处理终端，实时获取病害高清图像，进行病害诊断及分级，指导种植技术人员安全生产。同时该系统采用高清显微成像单元及自动控制单元，实现病害孢子的实时、远程监测，有利于病害快速发现、诊断和治疗，保障生产安全。

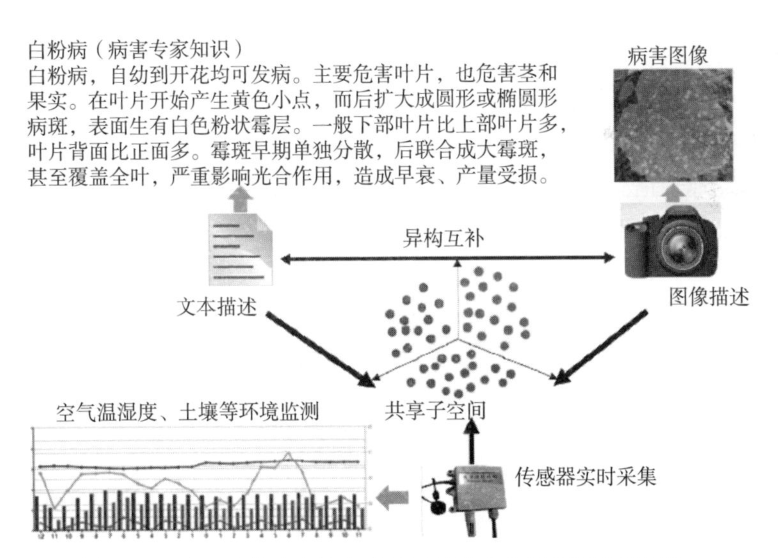

图 5-3 基于多结构参数集成学习的设施黄瓜病害智能诊断

第三节 应用模式

一、北京京郊设施农业智能化精准管理技术应用模式

近年来，北京农业信息技术研究中心与北京市及其各区农村工作委员会合作，以设施蔬菜、花卉生产为切入点，积极开展了设施农业信息化的试验示范，在北京大兴、通州、顺义、昌平等8个区的规模设施农业生产基地集中应用了一批具有自主知识产权的信息化与物联网技术产品，建设了基于生物环境感知技术、低成本无线宽带传输技术和智能反馈控制技术的设施农业生产远程指导、设施环境综合调控、水肥药智能投入等信息化综合应用系统。其中在大兴区的实施范围涉及5个乡（镇）的6个生产基地和15家规模化农业龙头企业、标准化生产基地、专业合作组织。试验示范主要应用了具有自主知识产权的室外气象自动监测系统、温室娃娃、温室环境监测与智能控制系统、移动式温室精准施肥系统、负水头精准灌溉系统、移动式温室精准施药机、温室网络视频语音监测系统、基地地理信息管理系统等。试验示范同时采用动漫技术开展农民培训，使农民容易掌握设施农业信息化技术系统。经过实践，当地摸索出了一套“可看、可学、可用、可推广”的设施农业信息化生产技术应用模式，显著提高了设施农业应用示范基地的生产效率和管理水平，提升了设施农产品品质和质量安全水平。同时，提高了水、肥和药等设施生产投入品的利用率，促进了产地生态环境的改善，提升了从业农户的生产技术水平。

以北京市大兴区采育镇鲜切菊花生产基地为例，该基地占地面积400余亩，拥有日光温室200栋。基地以生产鲜切菊花为主，年产鲜切花500万枝，产品90%出口日本。该基地通过安装网络型温室环境智能控制系统，对温室内温度进行实时监控。农民根据温度变化随时调整用煤量，保持菊花生长的最佳温度，避免了原来的

盲目加温。一方面，煤炭使用量比以前节约了近 30%，节约成本 30 万元左右；另一方面，通过温度的有效调节，菊花从分化到现蕾的时间缩短了 5～7d，而且品质得到了提高。通过网络型精准灌溉管理系统的使用，用水量节省了 69%，170 栋温室年可节水 1.4 万 t。基地采用精准施肥系统，提高肥料利用率 10%左右，年节约化肥资金 1.5 万元，通过精准施药系统，节省农药 20%，年节约农药费用 1 万元左右。基地安装的温室娃娃系统，集成了基地高级技术人员掌握的菊花管理关键技术，可以根据菊花不同生长阶段对温湿度的需求，自动提示农民进行通风、加温等操作，实现了菊花生产的有效管理控制。信息化技术设备的综合运用使温室内的温度、湿度保持在最有利于菊花生长的范围内，减少了农作物因温度、湿度的不适而发生的病虫害，使菊花出口品质的合格率提高了 20%。

二、全国蔬菜质量标准中心智慧农业科技园应用模式

全国蔬菜质量标准中心智慧农业科技园涵盖 8hm^2 智能外保温连栋温室、8 000m^2 智能外保温连栋温室、1 600 m^2 潮汐式育苗玻璃日光温室、700 m^2 人工光植物工厂、6 栋传统日光温室以及 2 000m^2 的水肥设备间和中央控制室。

科技园利用国家农业信息化工程技术研究中心与国家农业智能装备工程技术研究中心的 120 余项专利技术，建立了全程国产化的番茄精准智慧生产管理系统。该系统包括基于正压过滤消毒调温调气的一体化环境智能控制系统、设施果菜精准高效智能栽培管理系统、田间作业智能装备与机器人、智能植物工厂系统、潮汐式智能育苗系统、分布式智能水肥一体化集中综合管理系统及水处理系统、园区可视化温室集群智慧管控云服务托管系统及番茄智能分级筛选系统。

大型化、智能化是未来设施结构的发展方向，科技园结合我国日光温室和荷兰玻璃温室的特点，试验示范了下沉式、大斜面、外

保温玻璃温室，开创了本土化大型玻璃温室发展的先河（图 5-4）。科技园首次采用可分时控制的外保温、外遮阳系统以及高压喷雾和正压可调过滤消毒通风相结合的方式进行温室环境调控，将 300 余个传感器采集的数据进行综合分析，通过物联网控制系统控制操作天窗、风机、热泵、环流风机、水质净化、高压喷雾机组、遮阳网、保温被、大型分布式二氧化碳供应气站、臭氧消毒系统等 1 200 余个执行机构，进行环境的综合智能管控，达到了很好的效果。

图 5-4　中国寿光型智能玻璃温室

科技园采用环境参数与植株生长状态相结合的模型控制方法进行水肥管理决策，通过悬吊式岩棉高架栽培系统（图 5-5）、多通道水肥一体化设备、慢砂紫外组合式的营养液过滤消毒循环利用装置、托管式水肥云服务精准智能管控系统，提高了水肥管理的智能化和无人化，实现了水肥零排放生产（图 5-6）。

图 5-5　悬吊式岩棉高架栽培系统

图 5-6　分布式智能水肥一体化集中综合管理系统

科技园研发的温室多功能作业机器人可用于授粉、喷药、采摘等田间作业（图 5－7）；田间自主定位导航机器人可用于温室运输管理；植保机器人可用于温室作物叶面施肥和喷药；智能巡检机器人可对温室内外进行全天候巡检、数据采集、叶片温度成像、植物生长状态监测、采收预警、非定点环境监测、病虫害预测预警、5G 传输等；智慧管控机器人是一款智能决策与服务机器人，是温室智能化管控的“中心大脑”，承担温室决策控制、机器人调度指挥等任务。

图 5－7　田间作业智能装备与机器人

番茄智能分级筛选系统可对采收后的番茄进行分选包装，提高了产品的商品等级和价值。

科技园通过智能化管理，以少人化或无人化田间作业系统逐渐改变传统劳动强度大的生产体系，改变以往依靠土地扩张为依靠科技和装备实现农产品产量的生产模式，大幅度提高单位面积产量、水肥利用效率和土地利用率，为高产与高效奠定基础。

第六章　畜禽养殖物联网

第一节　概　　述

一、概念

物联网技术是数字畜牧业建设中的决定力量，通过个性化、智能化、精准化控制，可以减少以传统经验为主的养殖模式带来的损失，提升养殖和疫病防控水平，减少劳动用工。不同领域对物联网描述的侧重点各异，对“畜禽养殖物联网”这一概念短期内还没有达成共识，尚未形成统一、标准的定义。

物联网技术以“感知”为基础。从狭义的抽象概念出发，畜禽养殖物联网是指畜牧生产中连接物品到物品的网络，实现物品的智能化识别和管理，其核心是物与物、人与物之间的信息交互。进一步具体化，畜禽养殖物联网是利用传感器技术、无线传感器网络、宽带移动互联、无线射频、自动控制、智能信息处理等物联网技术在养殖业领域进行全生产流程的应用，实现对畜禽养殖环境信息和个体信息的实时监测与智能控制、精细饲喂、疾病防控与育种繁育管理的网络。

畜禽养殖物联网应用有以下环节：一是畜禽舍环境信息采集和控制。在畜禽舍布置不同的传感器节点和执行机构构成无线网络，测定空气温度、空气湿度、光照强度、氨气和二氧化碳浓度等，利用网关实现控制装置的网络化，从而获得畜禽生长的最佳条件。二是畜禽个体信息与行为监测。利用传感器、机器视觉等技术，自动获取发情信息、分娩信息、行为信息、体重信息和健康信息，实现自动化健康养殖和溯源。三是畜禽精细饲养。利用耳标等装置实现畜禽个体实时监测，实现饲料精确供给，并可通过视频来远程监测。四是疫病远程诊断。通过知识库和视频，专家可以进行远程诊断。五是智能繁育管理。自动获取动物表型、基因型信息，进行系谱管理、种质资源分析、繁育活动管理，实现联合育种、提高遗传改良效率。六是生鲜畜禽产品流通与追溯。借助物联网的帮助对畜禽产品的质量追溯以及对储运环境的温度和时间进行控制，以保证生鲜畜禽产品的质量。七是废弃物清理。通过环境监控和废弃物收集设备，自动收集粪便，并自动换气。

相对于物流、公共安全等行业而言，物联网技术在畜牧业领域的应用尚处于起步阶段。国务院出台了一系列强有力的政策措施，推动物联网在畜牧业的有序健康发展，并取得了显著成绩。从家畜个体的编码与标识、生产过程的数据采集与传输、家畜个体的精细饲养控制，到畜产品全程质量安全溯源等环节，国家及相关机构制定了相应的标准与规范，研发了相应技术产品与网络控制智能平台，这些技术在具有一定信息化基础的生产企业已得到了示范应用，这些成果对我国畜牧产业的转型升级带来了新的动力。

二、主要内容

畜禽养殖物联网具有服务对象多变、业务逻辑与需求多样化、设备与海量数据管理复杂等特点，大数据、云平台、区块链等技术与物联网的融合丰富了畜禽养殖物联网的内容。与其他应用领域相同，畜禽养殖物联网框架也包括了感知层、网络层和应用层，其总体架构见图 6－1。

感知层的功能是将现实世界中的信息转换为可处理的信号，实现对畜禽个体和周围环境信息的探测、识别、定位、跟踪和监控，由传感器和短距离传输网络两部分组成。传感器用来进行数据采集和控制，短距离传输网络将传感器收集到的数据发送到网关或者将应用平台控制指令发送到控制器。感知层的关键技术主要包括传感器技术、射频识别技术、全球定位系统、短距离无线通信技术等。

传统的传输层利用 IPv6、4G、5G、WSN、Wi-Fi、蓝牙等技

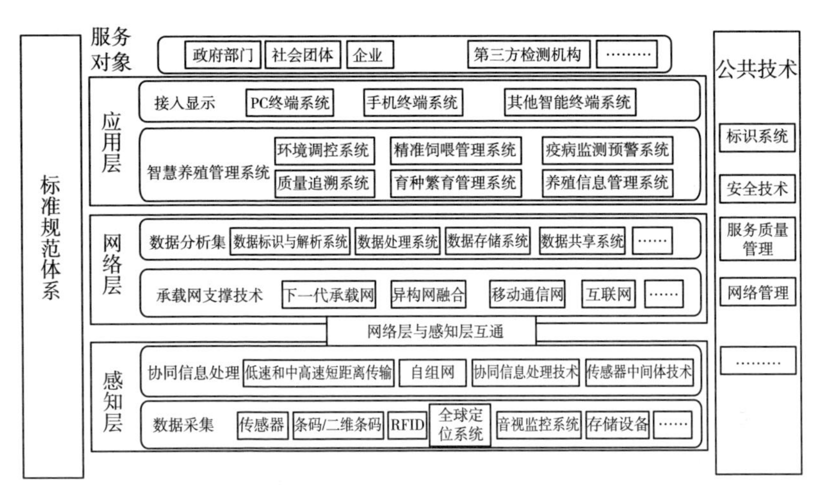

图 6-1　畜禽养殖物联网总体架构

术实现连接智能设备和控制系统的功能。网络层不仅承担了信息传输的工作，还承担了数据的汇聚与分析、计算工作，支撑应用层功能。网络层由接入网络和核心网络两部分组成，接入网络是连接感知层的网桥，用来汇聚从感知层获得的数据，并将数据发送到核心网络。核心网络是指通过多种方式组成的互联互通网络，包括局域网、专用网、互联网等。应用层的功能是完成数据的采集、存储、接口、运维、管理，支持平台开放性、海量存储性和大规模计算性能，主要由畜禽养殖信息云处理、物联网信息感知、云服务等系统组成。

第二节　关键技术

一、养殖环境监测与智能调控

环境、品种、饲料和疾病是构成畜禽健康养殖的四大技术限制因素。其中，环境监测是畜禽健康养殖关键限制因子。从 20 世纪

70年代开始，随着养殖业规模的不断扩大，畜禽舍环境控制需求及所需设备急剧增加。进入80年代，由于计算机技术、智能控制技术的发展，为环境调控设备智能化奠定了基础。到了90年代，测试技术的快速发展推动了畜禽舍环境监测系统的发展。美国、荷兰、丹麦、日本、加拿大等发达国家在养殖技术智能化和环境监控信息化发展中居于世界领先地位。

随着畜禽舍密闭养殖技术的应用，近20年来中国畜禽养殖环境智能监控系统得到了长足的发展，为畜禽舍的环境调控提供了技术保障。畜禽养殖环境智能监控系统是指利用物联网技术，围绕畜禽养殖的生产和管理环节，通过智能传感器实时采集养殖场环境信息，如空气温湿度、光照强度、二氧化碳、氨气、硫化氢、气压、噪声、粉尘、视频等，并连接相应的装置和设备，集成改造现有的养殖场环境控制设备，对检测到的不合理环境因素进行实时控制，实现畜禽养殖场智能生产与科学管理的智能系统（图6-2）。养殖户可以通过手机、手持终端（PDA）、计算机等信息终端，实时掌握养殖场环境信息，及时获取异常报警信息，并可以根据监测结

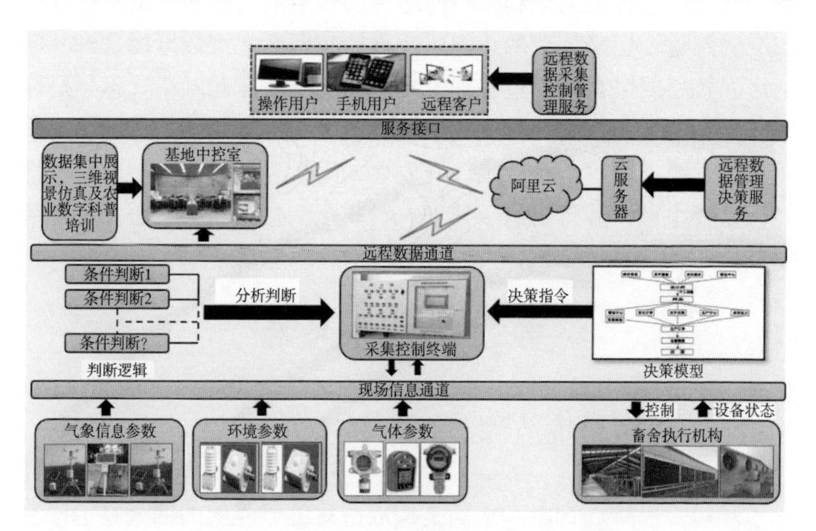

图6-2　畜禽养殖环境智能监控系统架构

果，远程控制相应设备，对畜禽养殖场进行智能监测和科学管理，实现健康养殖、节能降耗的目标。

畜禽养殖环境智能监控系统由养殖环境信息智能感知子系统、养殖环境信息网络传输子系统、养殖环境自动调控子系统和养殖环境智能监控管理平台 4 部分组成。

（一）养殖环境信息智能感知子系统

养殖环境信息智能感知子系统主要通过传感器、音频、视频等技术采集养殖场环境信息和获取畜禽的生长行为（进食、饮水、排泄等）信息，实时监测设施内的养殖环境信息，及时预警异常情况，减少损失。移动端畜禽舍养殖环境检测及展示见图 6－3。这个子系统是实现自动检测和自动控制的首要环节，一般通过传感器节点实现。传感器节点是由传感单元、电源单元、收发单元、处理

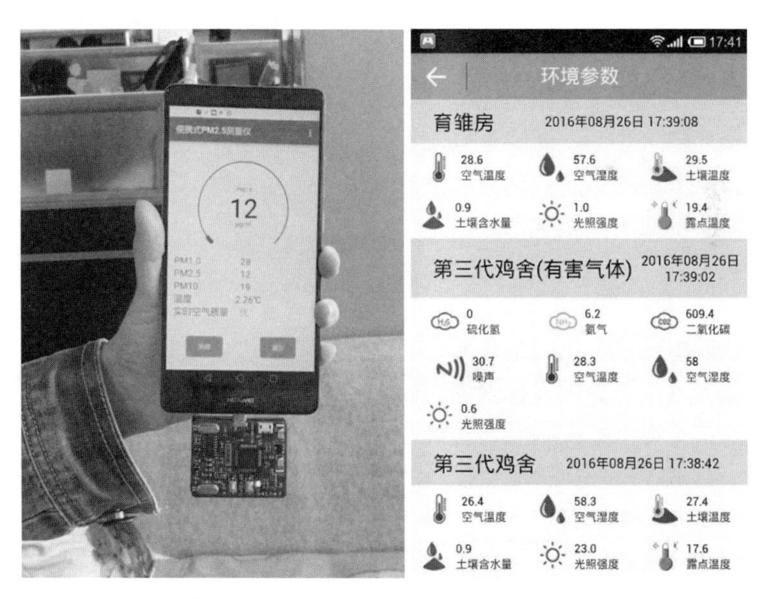

图 6－3 移动端畜禽舍养殖环境监测及展示

（图片来源：国家农业信息化工程技术研究中心）

单元等模块构成，还可以根据需求添加存储单元、定位单元或者移动单元等。环境监测传感器的研发正朝着微型化、智能化、多功能化的方向发展，将微米级的敏感元件、信号调理器、数据处理装置集成封装在一块芯片上，同时具有微处理器，能够执行信息处理和信息存储任务、逻辑思考和结论判断。

在畜禽养殖环境信息智能感知子系统中，有多种不同的环境因素需要监测。这就要求各个环境监测传感器对非电量数据也具备感知和探测能力，进一步还能将其转换为与被监测量具有一定映射关系的电量值。各个传感器监测的非电量环境因素是在不断变化的，传感器能否将这些变化转换为对应的电量值，取决于该传感器的“输入—输出”特性。传感器的“输入—输出”特性可以通过传感器的线性度，迟滞、灵敏度和重复性等性能指标来描述。畜禽舍温湿度监测传感器在生产中应用广泛，价格低廉，灵敏度和准确度相对较好，但有害气体的准确监测尚存在难度。目前，畜禽舍气体监测传感器的设计以电化学原理为主，加上舍内环境湿度高、颗粒物及腐蚀性气体浓度大，使得监测数据可信度低、传感器寿命短、难以长期稳定监测，尚缺乏低成本、高精度的气体传感器。此外，所有畜禽舍用的传感器都需要考虑防水、防尘、耐腐蚀的工业设计以及需要定期的设备维护。

（二）养殖环境信息网络传输子系统

养殖环境信息网络传输子系统主要负责将前端采集的数据传送给服务器，并提供远程终端访问服务来访问主服务器，将服务器下达的指令提供给控制器，是整个项目数据的传输通道。

畜禽养殖环境智能监控系统中的通信技术主要有无线通信和有线通信两大类。其中 RS-485 总线和 CAN 总线是农业领域应用最广泛的有线通信方式，RS-485 总体采用平衡发送和差分接收，因此具有抑制共模干扰的能力。CAN 总线是一种有效支持分布式控制或实时控制串行通信网络，具有通信速率高、性价比高、减少线束的数量等诸多特点。较之 RS-485 总线，CAN 总线网络各节点之间的数据通信实时性强，且 CAN 协议废除了站地址编码，而代之以对通信数据进行编码的方式，这可使不同的节点同时接收到相同的数据。

根据大量的实际调研经验，农业生产现场大多都处在偏远的郊区，大规模铺设有线电缆成本较高，而无线通信网络覆盖存在盲区，并且多数农场存在电源短缺、传感器部署分散等问题。通过采用自组网、低功耗的 ZigBee 无线传感器网络，采用菱形网格划分的方式，把传感器区域分成一个个的菱形网格，然后将每个传感器节点布置在菱形网格的顶点上，可以实现传输网络在传感器区域完全无缝覆盖。因此，利用 ZigBee 等无线传输技术将分布在畜禽舍的传感器节点组成无线传感器网络，实时获取畜禽舍内环境因素信息是国内的研究热点，具有低成本、低功耗、低速率、高安全性和强大的组网能力等优势。

传感器、感知对象和监控管理中心是无线传感器网络（图 6-4）的 3 个要素，具有自组织性、大规模性、强可靠性、以数据为中心、协调执行任务等特点。其中，大规模性主要包含了两方面的含义：一是在很大的地理区域内合理安置了传感器节点，如在蔬菜种植基地采用传感器网络进行环境监测时，必须要安置大量的传感器节点。

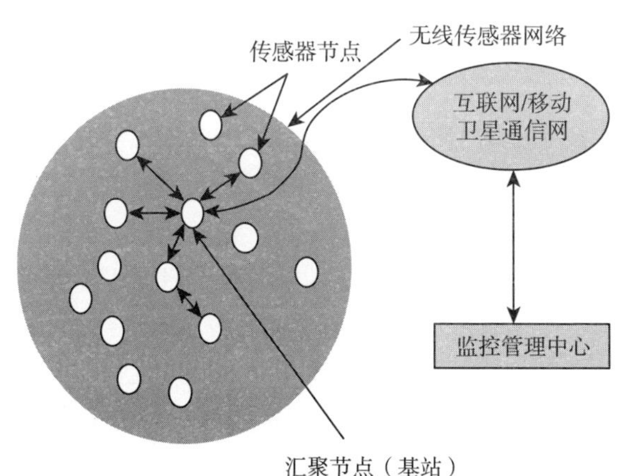

图 6-4　无线传感器网络结构

二是传感器节点分布非常密集，在单位面积放置大量的传感器节点，而协同的方式可以有效克服存储能力不足的缺点。通过多跳中继转发或多节点协作发射的方式实现传感器节点之间的远距离通信，共同实现对目标对象的感知，得到完整信息。

（三）养殖环境自动调控子系统

养殖环境自动调控子系统通过对养殖舍内相关设备如红外灯、风机等进行控制，实现养殖舍内环境集中、远程、联动干预。数据分析与决策是进行自动调控的前提和关键，调控系统是设备精确执行命令的基础。

以鸡舍通风智能调控为例，需要在舍内安装数字电表、静压传感器、侧墙小窗开口大小监测装置和智能通风控制器。养殖环境自动调控子系统可以根据舍外温度、舍内动物体感温度、舍内风速等参数，决策舍内通风的模式（负压纵向通风、横向通风）、湿帘水泵的运行时间、小窗开口大小，实现环境自动调控假设蛋鸡舍设置的目标温度为21℃，实际空气温度为23℃，鸡舍内需要增加风机开启的数量，提高舍内的风速以产生2℃的风冷效应。养殖环境自动调控子系统可以通过ZigBee无线通信技术与鸡舍中的风机等环控设备相连接，当温度超过或低于设定温度时，自动打开或关闭相关设备。图6-5为禽类智能养殖系统中的环境监控子系统终端显示页面。

目前畜禽舍的环境调控可以利用无线传感器网络技术进行负反馈调节，但仍然是依赖于人工干预的半自动调控，以温度或空气质量的单因素调控为主，较少考虑多个环境参数相互之间、环境参数与其他养殖参数之间的耦合关系。环境舒适度评价方法、舍内环境参数的预测、环境调控模型等仍是研究的热点与难点。例如，谢秋菊等建立了L-M优化算法的猪舍氨气浓度预测模型、多环境因子的猪舍环境舒适度模糊评价模型和调控策略。

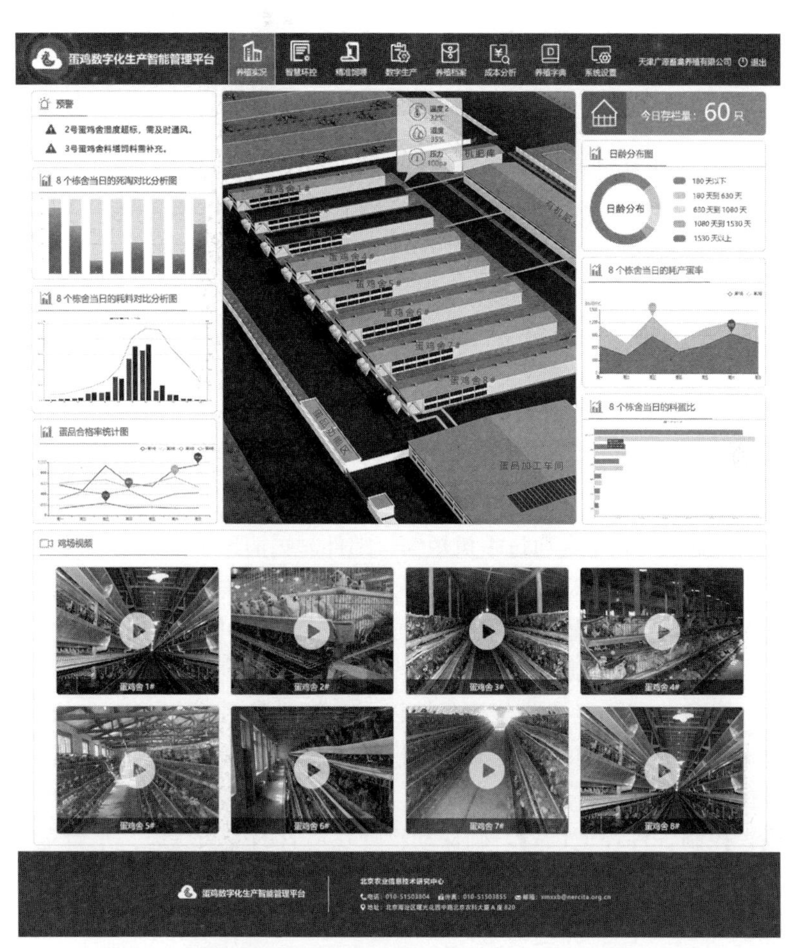

图6－5　国家农业信息化工程技术研究中心研发的禽类智能养殖系统中的环境监控子系统终端显示页面

（四）养殖环境智能监控管理平台

养殖环境智能监控预警管理平台集信息监测、传输、调控和预警系统为一体，实现对养殖环境各种采集信息的存储、分析和管理。平台能提供阈值设置功能，智能分析、检索及报警功能、权限管理功能，驱动养殖舍控制系统的管理接口进行设备调控。基于

B/S架构的养殖环境智能监控管理平台还可以使用户借助互联网随时随地访问畜禽养殖环境智能监控系统。养殖环境智能监控管理平台的主要功能有以下几点。

1. 实时高精度采集环境参数

圈舍内部署各种类型的室内环境传感器，并连接到无线通信模块后，平台便可以实现对二氧化碳数据、温湿度数据、氨气含量数据、硫化氢含量数据的自动采集。用户根据需要可随时设定数据采集的时间和频率，采集到的数据可通过列表、图例等多种方式查看。

2. 异常信息报警

畜禽养殖中的异常信息包括通风不足，温湿度、氨气浓度超标，设备运行异常等。安装畜禽养殖环境智能监控系统之后，监控系统会与禽舍温度、湿度、氨气浓度传感器相连，当温度、湿度、氨气浓度过高或过低时，平台通过手机短信、邮件、短消息等方式第一时间将异常情况分级别发送给养殖场工作人员和公司管理层，确保工作人员在第一时间收到报警信息，及时采取调整措施，将损失降到最低。

3. 智能化控制

畜禽养殖环境智能监控系统以采集到的各种环境参数为依据，根据不同的畜禽养殖品种和控制模型，计算设备的控制量。平台通过控制器与养殖环境的控制系统（如红外、风扇、湿帘等）实现对接，控制各种环境设备，确保动物处在适宜的生长状态。平台至少支持自动控制和手动控制两种方式，用户通过维护系统设定理想的养殖环境等参数。

二、畜禽体征监测

畜禽体征监测利用视频监控、传感器、红外线等技术，围绕奶牛、母猪、蛋鸡等个体的发情信息、分娩信息、行为信息、体重信息和健康信息等个体体征，分析动物的生理、心理和健康状况，实现福利养殖和肉品溯源。畜禽体征监测首先需要唯一标识每一只牲畜，大致可以分为个体识别、生理指标监测、体型体况监测、行为监测 4 个方向。

（一）个体识别

个体自动识别是获取被识别对象信息的基础，包括条码识别、生物特征识别、图像识别、磁识别、射频识别等多种识别技术。条形码、射频识别（RFID）技术的电子耳标或脚环是生产中畜禽个体识别应用最广泛的设备。基于图像分析的面部识别、花纹识别、鼻纹识别、虹膜识别以及植入式芯片等技术也逐步兴起（图 6－6）。

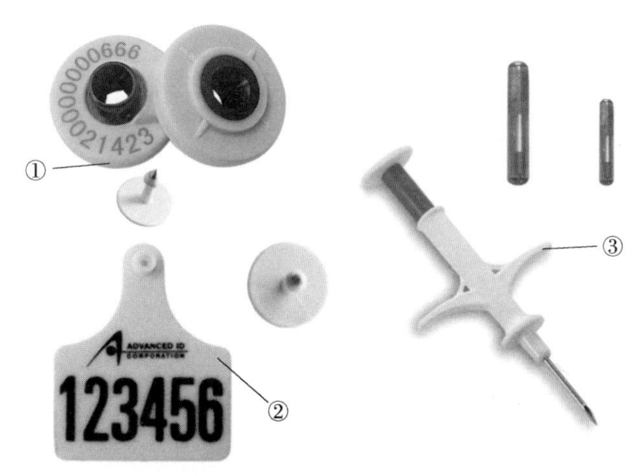

图 6－6　动物个体识别耳标及植入式芯片

①RFID 耳标——通孔外挂式　②RFID 耳标——外挂式　③植入式芯片及芯片注射器

1. RFID 技术

RFID 是一种非接触式的自动识别技术，通过射频信号自动识别目标对象并获取相关数据，识别工作不需要人工干预。该技术可识别高速运动物体并可同时识别多个标签，具有操作快捷方便、防磁、防水、耐高温、读取距离大、使用寿命长、存储数据容量大、存储信息可更改、数据可加密等优点。一个典型的 RFID 系统由标签（即射频卡）、阅读器、天线和上位机组成。阅读器将要发送的信息经编码后加载在某一频率的载波信号上经天线向外发送。进入阅读器工作区域的电子标签接收此脉冲信号，卡内芯片中的有关电路对此信号进行调制、解码、解密，然后对命令请求、密码、权限等进行判断（表 6-1）。

表 6-1 RFID 标签与其他常用自动识别技术性能对比（邢琳琳，2013）

系统参数	条形码	光学字符	磁卡	IC 卡	RFID 标签
信息载体	纸、塑料薄膜、金属表面	物质表面	磁性物质	EEPROM	EEPROM
典型的数据量（Byte）	1～100	1～100	1～100	16～64K	16～64K
读写性能	只读	只读	读/写	读/写	读/写
数据密度	低	低	低	很高	很高
机器可读性	好	好	好	好	好
人可读写	有限	很高	很高	可能	不影响
污染和潮湿的影响	很高	很高	很高	可能	不影响
遮盖的影响	完全失效	完全失效	低	低	不影响
方向和位置的影响	低	低	高	高	不影响
退化和磨损	有限	有限	有限	不影响	不影响
购买成本	很低	中	低	低	中
运行成本	低	低	中	中	无
识别速度	低	低	中	很快	很快
识别距离	近	很近	接触	接触	很远
使用寿命	一次性	较短	短	长	很长

根据标签内是否装有电池为其供电，RFID 系统可分为有源系统、半无源系统和无源系统。根据采用频率的不同，RFID 系统可以分为低频系统、中高频系统、超高频系统和微波系统。目前国内有低频、高频、超高频 3 个频段。低频系统的工作频率在 100～500 kHz，其特点是标签成本低、读写距离较近（0～10 cm）、数据传输速度慢。中频系统的工作频率为 10～15MHz，其典型工作频率为 13.56MHz。其特点是标签成本适中、读写距离较远（0～100 cm）、数据传输速度快，因此比较适合需传送大量数据的应用。高频系统的工作频率分为两种：超高频（850～950MHz）和微波频段（2.45GHz 及 5.8GHz）。其特点是读写距离远、读写速度极快、抗干扰能力强，因此特别适合高速运动物体的识别。超高频频段射频识别产品由于方便采用无源设计、体积小、价格低、适应大

规模生产，具有较好的应用前景。

2. 面部识别技术

电子耳标具有读取方便、不受脏污等恶劣环境影响、读取距离较远、准确率高的特点。但实际应用中因为动物之间的互相撕咬等原因，电子耳标常出现掉标现象，同时打耳标时会使动物产生一定的应激反应。在人工智能技术如火如荼的发展态势下，“猪脸”“牛脸”“羊脸”的识别技术为畜禽个体识别开启了新思路。

畜禽脸部识别技术是一种生物识别技术，构建 AI 算法来自动识别图片或视频素材中的动物特征，例如动物的面部特征（两眼间的距离、嘴巴的位置、头骨的宽度）、外形特征（花纹、各部位之间的比例）从而实现对动物身份的识别。以猪脸识别为例，影子科技、阿里巴巴、京东农牧先后宣布进军智能养猪行业，猪脸识别技术成为其最为吸引社会关注的技术之一。2017 年，京东举办“猪脸识别”大赛，建立了 105 头猪的猪脸数据库。2018 年，阿里巴巴和影子科技分别发布了“AI 养猪计划”和“猪脸识别 2.0”系统。同年，国家农业信息化工程技术研究中心的“猪脸识别”技术亮相全国“互联网＋”现代农业和双新双创博览会，并随后发布了“猪脸识别”APP（图 6－7）。

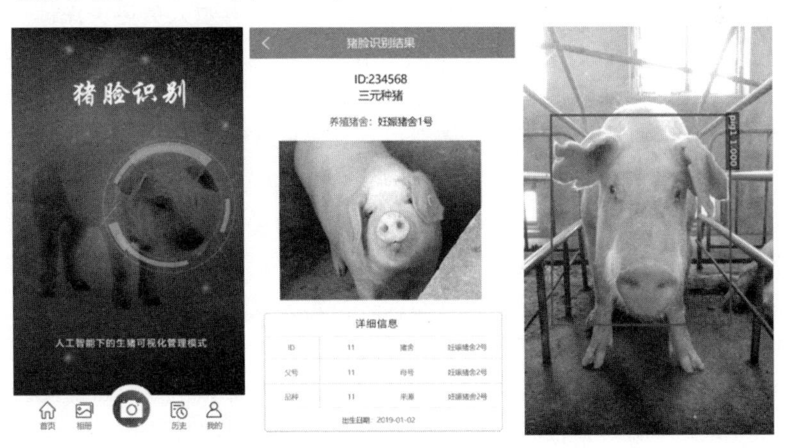

图 6－7　国家农业信息化工程技术研究中心开发的“猪脸识别”APP 界面

猪脸识别涉及图像识别、算法分析、信息抽取、深度学习等算法，融合猪只轨迹跟踪、动态猪脸检测、多目标猪脸检测、动态猪脸识别等技术，母猪识别率可达95%以上，但仔猪及育肥猪的识别率低于母猪。影子科技将猪脸识别应用在了猪场猪只身份识别、育种管理、猪场生产管理、猪群健康管理、智能体重测定、母猪精准饲喂、母猪膘情控制、食品安全追溯等众多应用场景。截至2018年3月，系统在线猪脸数据已达30万头。

（二）生理指标监测

生理指标监测目前以传感器设备获取为主，动物生理传感器主要用于监测动物体机能（如消化、循环、呼吸、排泄、生殖、刺激反应性等）的变化发展以及对环境条件的反应等。动物体的各种机能是指它们的整体及其各组成系统、器官和细胞所表现的各种生理活动，畜禽养殖中常需要监测的生理指标包括体温、呼吸频率、脉搏、血压等。

1. 体温

体温是畜禽健康状况评估、母畜发情监测的重要依据。传统监测采用直肠或翅下测温方式，通过兽用电子或水银温度计人工测量体温，费时费力，但也最准确。生产应用中，养殖人员更关注体温的变化，以此用于疫病预警和生产指导。科学研究中也常用温度传感器、热成像系统监测耳蜗温度或体表特定部位温度作为动物的参考体温，并衍生出了穿戴式体温设备和植入式体温测量设备应用到生产中的情形。

国外一些学者设计了动物植入式温度测量设备，如将遥测发射器通过手术植入动物体内，并设置传感器接收畜禽体内温度测量信息。又如将可植入式温度传感器通过特定方式植入猪耳后皮，进行体温遥测。此外，还有部分学者通过特制探针测量畜禽的气管温度来监测体温。在畜禽体内温度测量的早期研究中，植入设备监测结果与真实体温具备很高的拟合度，但是会对畜禽机体造成一定程度的损害，其数据发送也会受到周围电磁数据的干扰。图6－8为耳温自动测量传感器。

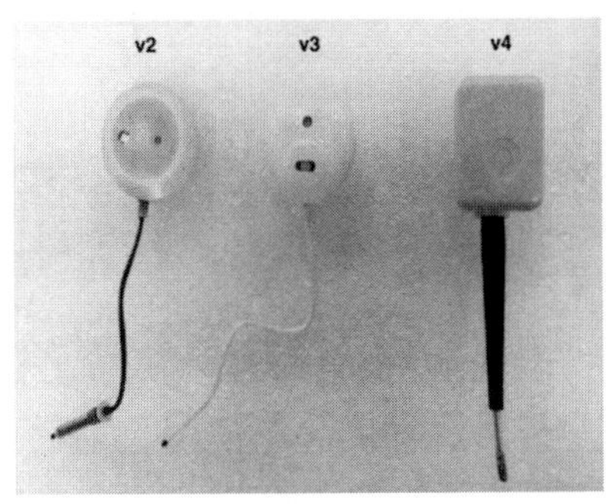

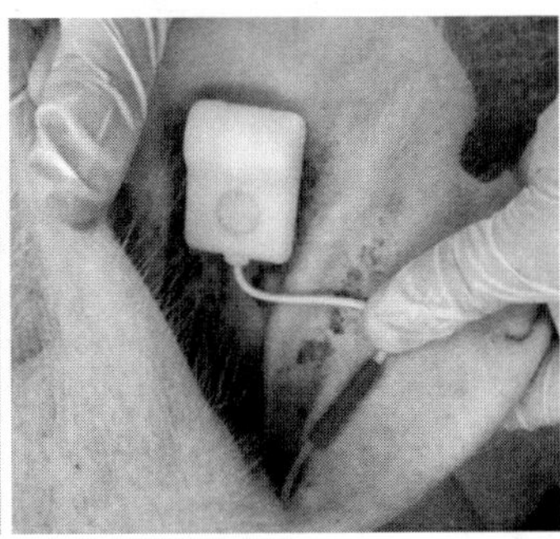

图 6-8　耳温自动测量传感器
（图片来源：瑞畜科技）

穿戴式体温设备通常将温度传感器集成在封闭模块内，方便动物佩戴的同时实现温度测量与数据传输。如将温度传感器捆绑于猪耳蜗内进行体温测量，随后设备内的通信模块将数据进行远程自动发送。利用温度传感器测量动物体温的方法，精度高、结果可信，但设备功耗较大、续航时间短。由于畜禽佩戴设备后会引起活动不便或者感受不适，常发生剐蹭、啃咬的情况，极大地影响设备的使用寿命。

继穿戴和植入式设备之后，人们将目光转移到了非接触式体温测量方法。该方法通过红外热成像仪采集动物的红外图像，通过机器视觉方法定位，并获取动物体表某一特定部位的温度，如脑后部、耳根、眼睛、乳房、背部等，将关键部位的温度作为“热窗”，通过拟合、回归、反演等方法进行运算，最终得到动物体温的有效测量数据。图 6-9 为基于智能手机的畜禽群体温度测量系统。

使用非接触式热红外体温测量系统估测体温是近年新兴的方法，具有替代传统接触式测量手段的趋势。但受制于环境因素影响较大的问题，该方法仍处于发展阶段，无法完全取代传统的温度传感器测量方法。图 6-10 为太阳辐射对非接触式热红外体温测量的影响。

图 6-9 基于智能手机的畜禽群体温度测量系统
（图片来源：国家农业信息化工程技术研究中心）

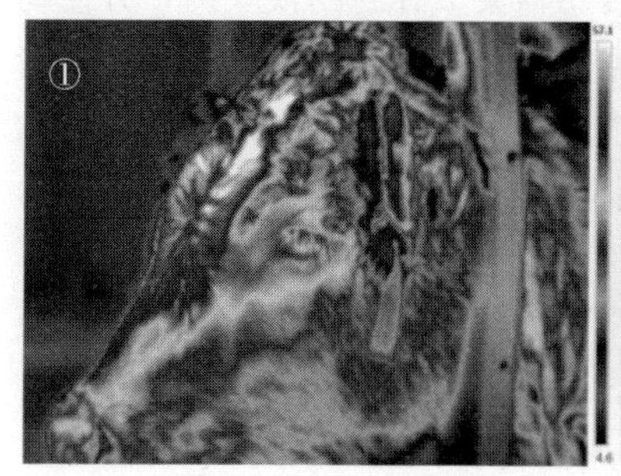

图 6-10 太阳辐射对非接触式热红外体温测量的影响
①热红外图像中显示的额部温度偏高 ②奶牛额部受太阳辐射照射
（图片来源：Krauchi et al.，2015）

2. 呼吸频率

呼吸频率自动监测技术大致可分为接触式和非接触式两大类。接触式自动监测方法利用可穿戴设备中的压敏、气敏或热敏元件，通过测定胸腹部运动、呼吸声、呼吸气流、呼出的二氧化碳等来检测呼吸频率。非接触式自动监测方法主要通过机器视觉或光学测距技术监测侧腹起伏状况来计算呼吸频率。

（1）接触式自动监测

与人类的呼吸频率监测设备相比，由于使用场景、成本和动物的不配合性与破坏性等条件限制，用于动物尤其是大型动物的呼吸频率自动监测设备种类比较有限。接触式自动监测设备主要包括监测胸腹伸缩运动的马甲、胸带和监测呼吸气流变化的装置等。

可穿戴的马甲或胸带是出现最早、且应用相对较多的家畜呼吸频率自动监测设备（图 6－11），通过监测吸气、呼气时胸廓形变所引起的压力变化或胸腹围周长变化测定呼吸频率。试验条件下，呼吸频率监测胸带测试结果与人工计数的误差在每分钟 10 次以内，目前，胸带或马甲主要应用在科研中，研究评价环境热应激程度以及降温技术的效果。例如，Eigenberg 等用该设备获取了育肥牛的呼吸频率，建立了呼吸频率与干球温度、湿度、风速和太阳辐射等环境参数的相关关系，并评价了遮阳对缓解热应激的作用程度。

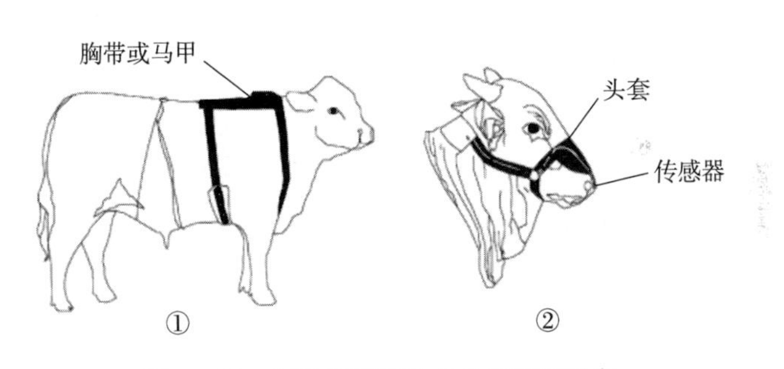

图 6－11　呼吸频率接触式自动监测设备

①可穿戴式胸带或马甲（通过胸廓形变监测呼吸频率）　②可穿戴式头套（通过呼吸气体的温差监测呼吸频率）

（图片来源：李奇峰等，2019）

呼吸时，呼出的空气温度更高、湿度更大、二氧化碳含量更高，并会产生正压。基于呼吸气流的自动监测方法根据相关原理进行呼吸监测。这一类自动监测方法一般需要借助呼吸面罩，或者需要固定在头套上的设备从鼻孔处采集呼吸气流的对应参数信号。

接触式自动监测方法虽然对动物行为有一定干扰，但可以进行连续在线监测，且动物适应后可减少佩戴设备对动物的影响。这类方法的难点在于穿戴设备的结构设计和传感器信号的算法解析。同时，传感器的使用寿命、抗破坏性等还需进一步提高。

（2）非接触式自动监测

非接触式自动监测方法主要根据呼吸时胸腹部的运动变化，通过测距或者图像分析的方法来监测呼吸频率，更大程度上依赖软件算法对信号进行提取、分析。相比较而言，现行条件下非接触式自动监测方法只能在特定场景进行自动测量（如挤奶时，难以进行在线连续监测），该方法优点在于单个设备可以监测多头奶牛的呼吸频率且不需要让动物本身装配任何元件。

利用图像分析监测呼吸频率的方式是目前研究的热点，可以分为可见光图像分析和热红外图像分析两种。可见光图像分析依据呼吸时侧腹的周期性起伏变化，利用呼吸运动速度与腹部起伏规律的相关性，对运动目标的监测筛选出呼吸运动点，提取呼吸过程特征值，进而计算呼吸频率。例如，可见光图像分析方法可以通过图像分析脊腹线的曲率变化来监测呼吸频率。当动物正常站立时，其身体轮廓可以找到一个形心，动物因探究行为等引起的头、蹄部位稍稍挪动只会引起形心在某一水平面的轻微晃动。因此，可以基于形心确定动物的脊腹轮廓，并根据脊腹轮廓线与形心的距离计算脊腹线曲率，通过曲率波动监测呼吸频率波动从而检测呼吸频率（图 6－12），目前该方法主要应用在猪的呼吸频率自动监测研究方面。当样本量约为 70 头时，呼吸频率自动识别率为 94.3%，自动识别与人工计数的平均相对误差为 2.28%。热红外图像分析方法通过呼吸时鼻尖下皮肤温度的变化，分析热成像后对应区域的像素灰度值变化规律，进而计算呼吸频率。赵凯旋等就利用光流法计算了视频帧图各像素点的相对运动速度，通过循环 Ostu 处理对像素点进行筛选得到呼吸运动点，动态计算速度方向曲线的周期进而获得了牛的呼吸频率。根据其对 72 头奶牛进行的 360min 检测数据分析，与人工计数相比，该方法获得的呼吸频率准确率为 95.68%。

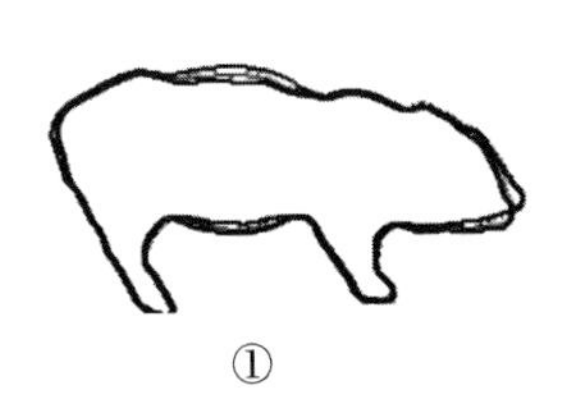

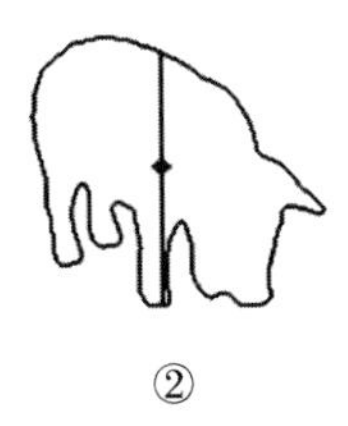

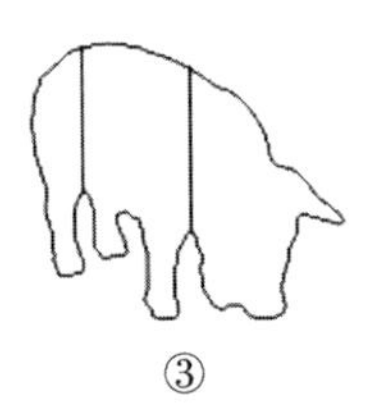

图 6－12　基于侧腹曲率分析动物的呼吸频率
①猪腹式呼吸运动轮廓波动变化示意图　②利用脊部轮廓最大曲率半径描述子分析呼吸频率方法的生猪形心示意图　③利用脊腹轮廓截距描述子分析呼吸频率方法的生猪轮廓外接矩形示意图
（图片来源：谢海员等，2016）

3. 脉搏

脉搏传感器的基本功能是将各浅表动脉搏动压力等物理量转换成易于测量的电信号。脉搏传感器种类很多，按照工作原理可以分为压力传感器、光电式脉搏传感器、超声多普勒技术及传声器等。

（1）压力传感器

脉搏传感器中，压力传感器用得最多，它将压力信号转换为电信号，此外还包括压电式传感器、压阻型传感器和压磁式传感器。

压电式传感器：其原理是利用压电材料的物理学效应（压电效应）将监测到的脉搏机械压力信号转换为电信号。压电式传感器可分为压电晶体式传感器、压电陶瓷式传感器、压电聚合物传感器和聚偏氟乙烯（PVDF）压电材料传感器等。

压阻型传感器：其原理是介质的压阻效应，即介质电阻率随机械压力变化而变化的性质。可分为固态压阻式传感器、液压传感器和气导式传感器 3 种。

压磁式传感器：也叫磁弹性传感器，是一种新型压力传感器。其作用原理是物理学中的磁弹性效应，即磁导率随机械压力变化而变化的性质，进而将磁导率变化转换成相应变化的电信号输出。

（2）光电式脉搏传感器

光电式脉搏传感器的工作原理主要如下：血液的流动会导致血

管内的血容量发生改变，而血容量的多少会影响血液对光线的吸收量，从而导致透过组织的光线强度也将随血流的变化而发生变化。光电传感器就是将接收透射后的光信号转换为电信号，从而来获取脉搏信息的。基于上述原理的脉搏传感器可分为光电容积式脉搏计、光闸式桡动脉脉搏传感器和红外光电传感器等。

（3）超声多普勒技术

国内对脉搏波的研究在仪器上正朝超声显像方面发展，脉搏图也进入了由示波图到声像图研究的新阶段。动脉脉搏除了包含压力搏动的信息之外，还有管腔容积、脉管的三维运动和血流速度等多种信息，仅用压力脉搏图难以全部定量地反映脉象构成要素的指标。随着医学超声显像技术的发展，超声多普勒技术在脉象客观化的研究中已经日益受到重视，取得了一定的进展。

（4）传声器

脉搏的搏动可以认为是一种振动信号，继而会产生波动。由于其频率极低，所以其本质应是一种次声波。传声器就是利用物理声学原理，通过探测器监测由脉搏引起的振动（声信号）。振动提取采用间接耦合的方式（即非接触式），脉搏声波经空气腔耦合后传到传声器振膜（敏感膜）上从而被获取。

4. 血压

血压测量一般包括直接测量法（有创法）和间接测量法（无创法）两种。直接测量（有创法）是将一根导管经皮插入动物心脏或待测部位的血管内，经过导管内的液柱同放在体外的应变式传感器与可变电感式差动变压器、电容式传感器相连，从而测出导管另一端的压力。另外一种方法是将传感器放在导管的末端，直接测出端部所在点的血压值，这种方法的优点是测量准确，并且能进行连续性的测量，但它的缺点是对被测动物体伤害较大。间接测量法（无创法）是利用脉管内的压力与血液阻断开通时刻所出现的血液变化关系，从体表测出相应的压力值。这种方法的优点是不需要剖切，测量简便，所以得到了广泛的应用。这种方法的缺点在于精度较差，只限于对动脉压力的测量，只能测量舒张压、收缩压两个数据，而不能连续记录血压波形。而从体温、呼吸频率、脉搏和血压等方面监测到的数据都可以在物联网平台上有直观的展示形式。

三、畜禽精准饲喂

精准饲喂尚未形成统一的定义。一般来说，粗准饲喂区别于传统的粗放型统一集中饲喂，以“精准、高效、个性化定制”为主要特征。精准饲喂根据动物营养、生长状态、生长环境、效益目标等多种因素，形成针对不同养殖对象的饲喂配方和饲喂方案，已成为当前饲料产业和现代养殖行业关注的焦点。狭义上讲，精准饲喂是一个决策“吃多少”和“怎么吃”的过程。畜禽生长状态的实时监测是“吃多少”的依据，智能投喂决策模型是核心，而“怎么吃”则是通过饲养工艺和饲喂系统实现。

体重及体况监测、分群管理和自动饲喂是畜禽精准饲喂的重要组成部分。精准饲喂首先通过耳标读取设备进行动物的身份自动识别，同时该动物个体信息由称重传感器或体况评估系统传输给计算机，借助养殖专家经验建立不同养殖品种的生长阶段与投喂率、投喂量间的定量关系，形成精细投喂智能决策模型指导设备进行自动饲喂。管理者也可以设定该动物个体的节点日期及其他的基本信息，系统根据终端获取的数据（耳标号、体重）和计算机管理者设定的节点日期运算出该动物个体当天需要的进食量，然后把这个进食量分量分时间地传输给饲喂设备，为该个体下料。此外，畜禽精准饲喂系统还可以获取动物种群的其他信息来进行统计计算，为养殖场管理者提供精确的数据进行公司运营分析。

（一）畜禽体重及体况监测

体重和体况信息是衡量畜禽能量代谢状况的一种重要依据，可预测畜禽每日所需蛋白质和能量摄入量，指导每日饲喂量，在畜禽饲养管理中得到广泛的应用。实际生产中，体重的获取以传统的压力传感方式为主，通常在畜禽日常活动区域的通道处设置一个自动称重系统。该系统在畜禽通过通道时进行称重，自动给出该栏动物每日平均重量。如美国奥斯本工业公司的全自动种猪生产性能测定系统（Feed Intake Recording Equipment，FIRE），在自动饲喂站内安装压力传感器，实现对猪体重的计量。同时该系统对每日的饲料消耗等进行监测，实现对种猪性能的持续监测。国家农业信息化工程技术研究中心研发了适合散养鸡的称重系统，在舍外运动场与鸡舍的出入口安装自动称重系统。鸡出入时跳上托盘自动称重，并将重量传输至后台管理系统（图 6－13）。

图 6－13　国家农业信息化工程技术研究中心开发的散养鸡自动称重系统

除了传统的压力式称重系统，利用机器视觉技术获取动物体尺、体重和体况的自动称重系统也逐渐开始进入产业化应用阶段（图 6－14）。从单目视觉到双目视觉、从可见光图像到深度图像，机器视觉技术估计动物体尺、体重的研究已有 30 余年的历史。在实验室条件下，机器视觉估计动物体重的准确度在 96％以上。但是，由于环境光线的变化、动物被毛颜色的差异、背景的变化、测量结果的稳定性差等问题，利用机器视觉自动获取的体尺、体重可靠性不如压力称重系统，这为其实际应用带来了一定的挑战。

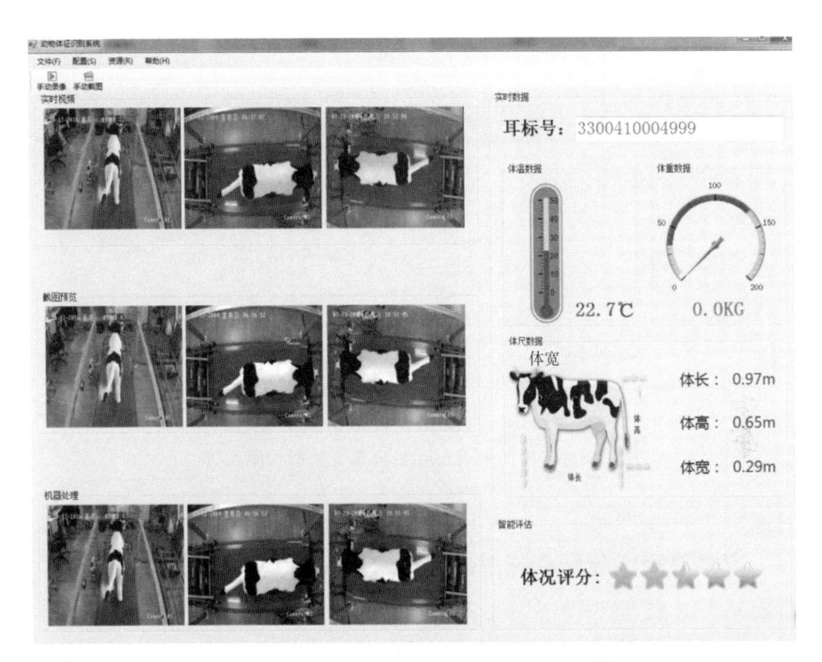

图 6-14　利用机器视觉监测动物体尺及体重

（二）智能分群系统

分群、调群是集约化养殖中实现精准饲喂的重要手段。根据动物的生产阶段、体重、体况、性情以及在群体中的社会地位等因素，智能分群系统选择相近的动物进行分群管理、分槽饲喂，可以保证动物的正常生长发育，提高母畜的繁殖能力和出栏时的个体整齐度。图 6-15 为育肥猪智能分群饲养工艺。

以猪为例，出售时群体整齐度会影响商品猪的销售价格，商品猪群体体况越整齐，销售价格越高。群体整齐度的改善可带来每千克活猪 0.5～0.7 元人民币的纯收入。由于遗传、体质、猪群等级等因素的影响，育肥猪出栏时体重整齐度仅为 75%。因此，育肥猪饲养过程中需不断调栏，将较弱猪饲养于同一栏中。人工调栏劳动强度大，同时使猪产生很强的应激反应，造成猪群重新确立等级

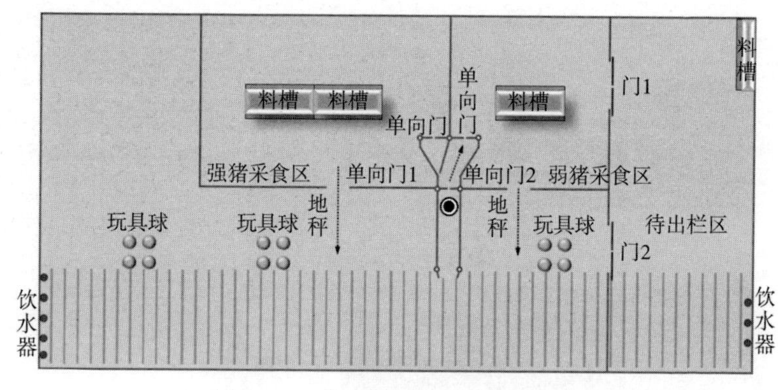

图 6-15　育肥猪智能分群饲养工艺

（图片来源：中国农业大学 滕光辉教授团队）

的过程中打斗严重。

育肥猪智能分群系统由体重分级系统、单向门、干湿喂料器、活动猪栏、管理软件等部分构成（图 6-16）。体重分级系统是智能分群系统的核心部分，目前市面上普遍采用压力传感称重的方式，机器视觉估重的方法也逐步进入到商业化应用阶段。智能分群系统一般要求育肥猪是大栏饲养（一套设备最少可养 500 头以上的猪），整个大栏通过固定栏和移动栏来划分成采食区和躺卧区两个部分，采食区又被划分成两个或三个区域。在躺卧区和采食区相连

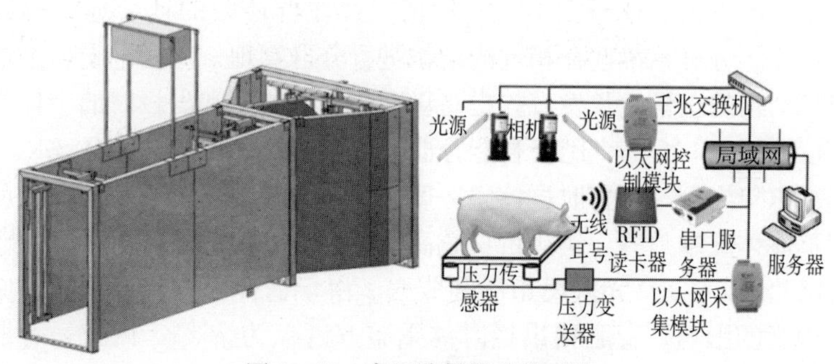

图 6-16　育肥猪智能分群系统

（图片来源：中国农业大学 滕光辉教授团队）

的单向通道位置安装体重分级系统，分级系统通过预先设置好的程序可以把猪群按体重分为预设的等级来对应不同的采食区。猪在躺卧区休息后，经过单向通道进入采食区采食，中间经过体重分级系统称重，该区域同一时间只允许一头猪通过。然后系统根据体重所在的等级范围打开多向门相应的开关，猪进入相应体重范围的采食区。不同体重对应的采食区为猪群提供了与其体重对应的营养浓度饲料，猪在采食饲料完毕后返回躺卧区休息。

（三）自动饲喂系统

自动饲喂系统根据动物个体编号自动识别，对个体的年龄、泌乳期、产奶量、体重和发情情况实时监测。然后，系统中的数据分析软件根据畜禽的生长周期、个体重量、进食周期、食量以及进食情况等信息对畜禽的饲料喂养时间、进食量进行科学的优化控制，并通过饲喂系统进行精细投料，从而提高了动物的精细化管理水平，减少了饲料浪费，降低了生产成本。

以母猪饲养为例，国内已有多家猪场使用荷兰 Nedap 公司的 Velos 智能化母猪管理系统。Velos 系统的智能饲喂器可以控制单头母猪进入饲喂系统，每个单体饲喂站能保证 50 头母猪的采食(图 6-17)。母猪吃料时进入门会自动锁上，让后面的猪无法进入。母猪进入饲喂站后，系统通过传感器对电子耳标的识别，精准饲喂系统根据耳牌号、膘情、当前状态等档案信息确定投料量。不同胎次的母猪吃料速度不同，下料器可以设置不同的下料参数，减少吃料过程中的浪费。每头母猪每天的采食数量是有限的，当母猪已经吃够当天的饲料量后，即使再进入饲喂站，下料器也不会再下料。每个饲喂站内设计了“防躺杆”，防止母猪吃饱后在站内躺卧。站内母猪采食完毕离开饲喂站后，门锁自动打开，下一头猪方可进入采食。此外，系统还可以根据现场具体情况调整设置水量参数，让母猪吃到合适的湿拌料。湿拌料不仅改善适口性，同时补充母猪的饮水量，减少人工配置湿拌料过程中出现的不均以及在人工投料过程中的投料量差异。智能饲喂系统可以避免小群养殖过程中同栏母猪抢食的问题，根据妊娠时间采取线性投料的方式，确保精准喂料，保证每头母猪都吃到自己的饲料量。该系统能使母猪饲料成本节约 35%，避免了人工饲喂可能造成的母猪肥瘦两极化，减少对熟练人工的依赖性，保证整体母猪群的理想体型。

图 6－17　Velos 母猪智能饲喂站

（图片来源：百度）

四、畜禽疫病远程诊断与自助诊疗

畜禽养殖（尤其是家禽）受传染性疾病影响较大，国内外流行病学研究专家越来越重视利用现代信息技术加强动物养殖健康管理。畜禽疫病诊断、预警系统对畜禽养殖领域疫病防控知识进行系统分析和收集整理，在气候环境、养殖环境、病源与畜禽疾病发生关系研究的基础上，建立畜禽疫病诊治模型、畜禽疫病预警模型和专家会诊算法，确定各类病因预警指标及其对疾病发生的可能程度。

（一）疫病诊断

畜禽疫病诊疗专业性强、需求高。畜禽饲养场尤其是中小规模场存在技术人员不足、诊断水平和经验不够丰富的问题。应用现代网络技术实现畜禽疫病的远程诊断、自助诊断和防治咨询，对减少疫病损失，提高产业生产水平和生产效益具有积极作用。

以国家农业信息化工程技术研究中心研发的“家禽疫病远程监测、诊疗服务平台”为例（图 6－18），该系统利用远程传感技术、视频与图像识别技术，通过软件平台、用户端移动式巡视头盔、用户端或专家端固定式远程交互设备等实现了多点、快速、移动的在线诊疗服务和自主诊疗服务。平台主要包括临床记录与诊疗、病理学记录与诊疗、自助诊疗、培训学习等内容。

图 6－18　家禽疫病远程监测、诊疗服务平台

第一，临床记录、诊疗功能：养殖场人员通过头戴移动式巡视头盔进行现场巡查，专家端用户通过实时观察病死动物数量、畜禽行为状态、饮水饮食情况、粪便颜色形态等，结合环境监测数据推送信息，对疫病事件进行初步定性并得出处理方案。养殖人员日常巡检事件可以通过移动端应用程序将模式化的常规巡检内容进行点选式录入、自动统计。当事件触发上报标准时自动上报，同时向兽医和上级管理人员推送相关信息，以便及时沟通、处理。

第二，病理学记录、诊疗功能：通过固定式解剖室的远程交互设备连接专家端用户，实时指导剖检人员操作，观看剖检部位的出血点、病灶等，给出相对准确的诊断结果和处理方案。针对养殖场常规剖检事件，剖检人员可以通过智能终端的应用程序将模式化的剖检记录内容进行点选式录入和自动上报。

第三，自动诊疗功能：综合常规巡检记录、常规剖检记录、舍内外温度数据、畜禽咳嗽、异常行为等。针对18种常见的典型症状形成基于“疫病—病症”概念集，可以自动对常见种类的疫病发生事件进行自诊断，给出对应的管理策略。

第四，培训学习功能：对新进养殖人员进行认知指导，以便准确熟练地配合专家进行临床和剖检诊断，同时智能推送免疫、用药等相关任务。

（二）疫病预警

传染性疫病的防控和预警在畜禽生产中具有重要意义。预测模型是疫病预警系统的核心（图6-19）。根据模型分类与目标的不同，疫病预测模型可以划分为风险评估模型、时空监测分析模型和传播动力学模型等几种。其中，疫病风险评估模型的建立大体包括3类方法：回归分析的统计学预测方法；对传播机制较明确的传染性疫病进行分析的“白盒”方法，如生物统计学方法；对传播机制不明确的传染性疫病进行分析的“黑盒”方法，如以人工神经网络为主的机器学习方法。

时空监测分析是对传染性疫病在时空两个尺度上流行规律进行分析的模型方法，包括全局自相关分析、局部自相关分析和热点分析3类方法。全局自相关分析方法可以用来分析疫病感染在整个区域内的相关性是否显著，判断风险聚集区域内感染的密集程度，但不能确定聚集区的具体位置。研究区域内疫病感染是否存在聚集未知的情况下，局部自相关分析方法可以判断聚集区域的位置、形状。常见的局部聚集性分析方法有Kulldorf扫描统计以及其变型，贝叶斯扫描统计与累积和方法及其改进方法等。热点分析可以分析特定区域周围是否有感染病例聚集，如某个被污染的养殖场周边是否有感染病例的聚集。传播动力模型的研究开始得很早，目前主要是对传播动力学模型进行改进。例如，经典的SIS仓室模型是对疫病传播过程简单的模拟，没有考虑现实中疫病传播中很多复杂因素的影响。

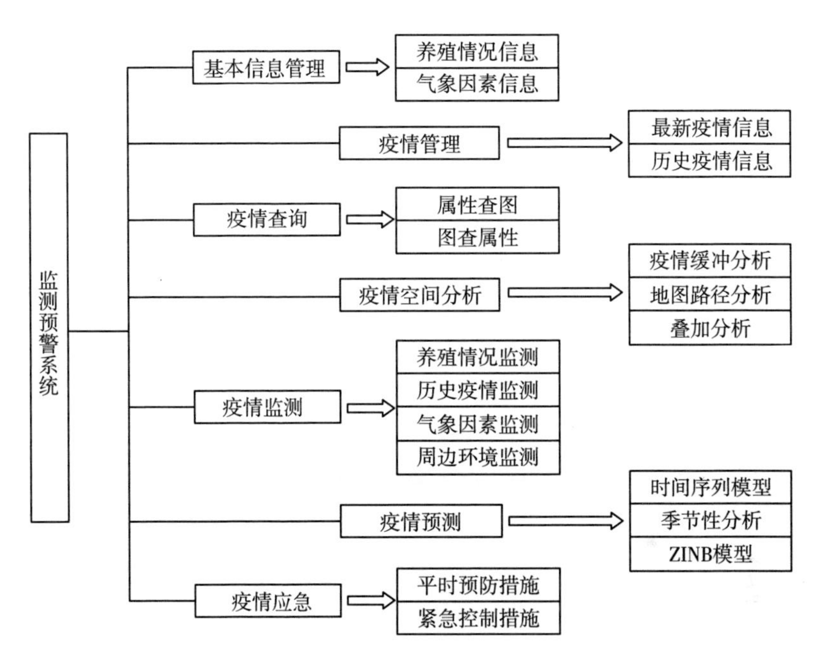

图6-19　畜禽疫病监测预警系统功能图
（图片来源：高翔等，2018）

利用各种类型、各种来源的疫病数据与风险数据，结合数学评估预测模型，研究者建立了许多种类的传染性疫病监测预警系统，在实际应用中表现出了良好的性能。传染性疫病的传播流行往往受到环境地理等因素，如气象、植被、海拔等的影响。东北农业大学王洪斌团队利用网络地理信息（Web GIS）技术，开发了家禽传染病监测预警系统，可以对禽霍乱、新城疫、马立克氏病和鸭瘟等常见家禽疫病进行疫情空间分析和风险预测。

五、畜禽智能繁育

种畜的遗传评估技术和跨场间联合育种技术的实施是改善良种品质的有效途径，而准确的性能测定和测定数据的收集处理是育种技术成功的关键。这就需要以先进的信息传送、数据库管理和计算机处理技术为前提，以保证结果的准确性和及时性。养殖场内智能繁育相关的系统大体包括种畜遗传信息管理与选择、遗传参数估计和综合管理三大类，例如景旭等研发了基于 B/S 架构的肉牛选育评估系统，根据输入数据和内嵌模型计算育种值。姜得科等利用 VB. NET 技术、SQL Server 技术和 Crystal Reports 技术等研发了肉牛信息登记与管理系统。王希斌团队在普遍应用的猪场管理软件 GBS（育种）、GPS（生产）的基础上，根据猪场生产和经营的特点，结合 ERP 基本原理设计开发了适用于猪场生产、育种、购销存管理和财务核算的 KFNets 猪场综合管理信息系统（图 6－20）。

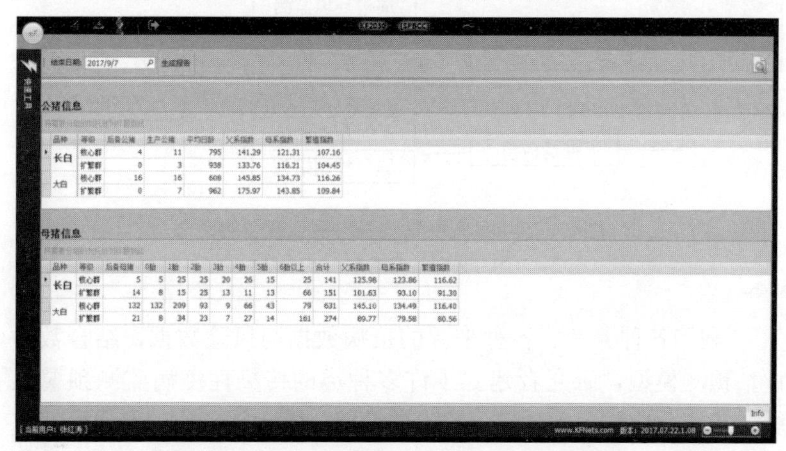

图 6－20　KFNets 猪场综合管理信息系统中繁育管理模块界面

传统的遗传评估技术仅建立在各个种畜场选育基础群的性能测定结果基础上，群体数量受到限制。如果能够跨场间建立遗传联系，将各个分散畜禽场的育种数据统一在同一个遗传评估方案中使用，以扩大选育群体的基础群数量，将有利于进一步降低留种率、提高选择差、增加同一选择世代的选择反应。因此，联合育种技术应运而生。

网络联合选育系统通过建立统一的动物育种信息资源数据库记录牲畜的家谱信息和繁殖信息，通过计算机网络实现信息共享。网络联合选育系统可以定期对各场育种数据分析处理，采用多性状动物模型 BLUP 法（最佳线性无偏预测法）估计个体育种值，根据育种值评定个体的种用价值和各场的生产管理水平。评定结果通过计算机网络传送到各场，逐步建立以场内测定为主的遗传评估体系和良种登记簿，为全国性动物联合育种奠定基础。

网络联合选育系统主要运用传感器技术、预测优化模型技术、射频识别技术等，根据基因优化原理，在畜禽繁育中进行科学选配、优化育种。动物育种信息资源数据库是网络联合选育的核心，育种信息包括畜禽的体况数据、繁殖与育种数据、免疫记录、饲料与兽药的使用记录等。因此，传统的育种管理系统也升级为云平台以解决联合选育过程中育种材料数量多、规模庞大、试验基地分布区域广、海量数据处理较慢、缺乏统一的数据分析等问题。例如，四川农业大学、四川农业科学院等单位研发了猪联合育种的“四川省外种猪联合育种信息网”和“四川农畜育种攻关云服务平台”，国家农业信息化工程技术研究中心继“金种子育种云平台”在北京上线后，正在紧锣密鼓地研发“肉牛繁育大数据平台”。

育种数据服务平台的用户主要为育种工作人员、育种科研机构和平台管理人员等，提供的主要服务是对育种数据进行管理，涉及育种数据的采集、数据分析和模型应用等一系列过程。用户在获得平台登录许可后，可以根据需求进行操作，如获取实时育种性状数据、天气以及地理属性数据。平台根据需求对数据进行图形化展示，方便用户重点分析数据潜在规律。育种大数据平台采用机器学习算法和大数据技术，对数据进行客观分析，以便为用户提供合理的决策意见（图 6－21）。畜禽遗传育种大数据平台的研发与应用正推动我国从传统育种向商业育种、从经验育种向精确育种转变。

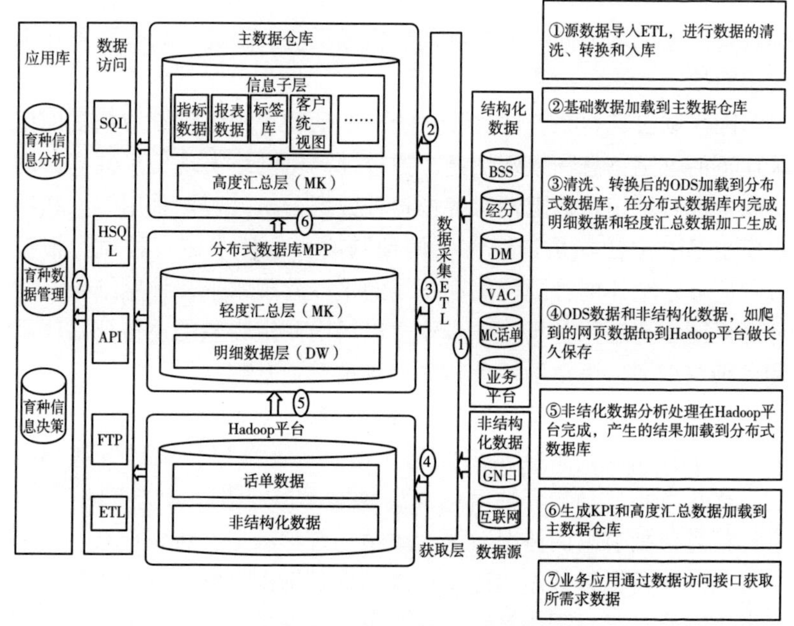

图 6－21　畜禽遗传育种大数据平台

六、畜禽产品质量安全追溯

随着畜禽生产的快速发展，消费者对畜禽产品的需求逐渐从数量向质量转变，畜禽产品品质安全问题也成为国内外关注的焦点。20 世纪 80 年代以来，欧洲、美国、加拿大等国家或地区相继将追溯技术应用于农产品的质量监控过程。畜禽产品质量安全问题涉及养殖、加工、运输、仓储、销售等不同环节，利用追溯技术对各个环节的信息流进行连续跟踪，可以为产品质量监控和召回提供有效支持。同时，物联网技术的发展为追溯系统的实现提供了坚实的技术支撑。

可追溯性是一种可追踪产品链中全部或部分历史记录的能力，既包括从最终的产品追溯到产品运输、存储、生产和销售等各个环节（即供应链追溯），也包括生产加工过程中对某些环节的信息追踪（即内部追溯）。从追踪对象看，可追溯性是一种对食品、饲料、食用性动物及有可能成为食品或饲料组成成分的所有物质的追溯或追踪能力。追溯的广度（Breadth）、深度（Depth）和精准度（Precision）是衡量可追溯体系的 3 个指标。其中，广度是指系统所能追溯到的信息范围，深度是指系统可以正向跟踪或反向追溯的距离，精准度是指可以确定问题源头的能力。

一个完整的可追溯体系框架由动物及产品的标识、追溯指标的筛选、信息传递系统、网络操作平台系统 4 个方面组成。其中，追溯编码与产品标识技术是信息全程追溯的基础，追溯指标的筛选是衡量追溯精准度的关键。

（一）追溯编码与产品标识技术

畜禽标识中应用最为广泛的是 EAN - UCC 编码体系，RFID 标识是未来标识方式的潮流，EPC（Electronic Product Code）以及生物特征等有可能成为编码和识别技术发展的趋势。EAN - UCC 编码技术又称为 GS1（ Global Standard 1）系统，是国际物品编码协会（ EAN International）和美国统一代码委员会（UCC）共同开发、管理和维护的全球统一商业语言，为贸易提供全球唯一的标识。其编码方式由全球贸易项目代码（GTIN）、属性代码、全球位置码（GLN）、物流单元标识代码（SSCC - 18）和储运单元标识代码（ITF - 14）等构成，通过对农产品生产流通环节中所涉及的生产者、产地、日期、产品种类、包装日期等对象进行标识，使各个环节有效链接。根据 EAN - UCC 编码技术，2004 年中国制定了《牛肉产品跟踪与追溯指南》，并在北京建立了“牛肉产品追溯应用试点”，在陕西建立了“牛肉质量与跟踪系统”，在福建建立了“远山河田鸡供应链跟踪与追溯体系”。

产品电子代码（ EPC）是新一代与 EAN - UCC 编码体系兼容的编码标准，它是对条码技术的扩展和延续，可以实现对所有实体对象进行唯一的有效标识。目前 EPC 在畜禽及产品中的应用还处于摸索阶段，但是 RFID 技术在农产品追溯体系中的应用已日趋成熟。因此，结合 EPC 编码技术和 RFID 技术的研究，也有学者提出了基于 EPC 编码的猪肉溯源编码方案，并以电子耳标、电子标签和条码为载体建立了饲养和屠宰过程的信息自动采集、标识的全程溯源体系。图 6－22 为屠宰环节带 RFID 标签的挂钩（左）及 RFID 读卡器（右）。

图 6－22 屠宰环节带 RFID 标签的挂钩（左）及 RFID 读卡器（右）

随着分子生物学的发展，利用生物特征的身份识别技术具有唯一、稳定、不易伪造等优点，近几年也成为研究热点，如 DNA 技术，SNP 条形码技术，鼻纹、虹膜等家畜个体标识技术。

（二）追溯指标的筛选

溯源指标的选择要遵循真实性、确证性等原则，要求筛选的指标真实可靠，防止人为造假，能确证产品的原产地、加工历史和应用状况，同时应符合相关法律法规及标准（图 6－23）。不同国家因产品供应链方式和法律要求不同而记录指标的类型不同。Kim 等认为产品及其活动是追溯的中心实体，产品及其活动的相关信息是追溯的关键指标。不同种类畜产品追溯体系的模块构建和指标体系各有差异，但基本都引入了基于危害分析与关键控制点（HACCP）、良好农业规范（GAP）和食品安全生产相关法规、标准、指南以及商业需求的记录信息作为追溯过程必须记录的指标。我国 2016 年发布的《生猪及产品追溯关键指标规范》（NY/T 2958—

2016）是目前唯一一个与畜产品追溯指标相关的农业标准，规定了生猪及产品全过程中与场所、标志、免疫、投入品、动物疫病、药物残留、肉品品质和移动轨迹有关的卫生质量控制关键追溯指标及相关要求。此外，内蒙古等地区出台了地方标准，规范了肉牛及产品关键控制点追溯信息采集方法。

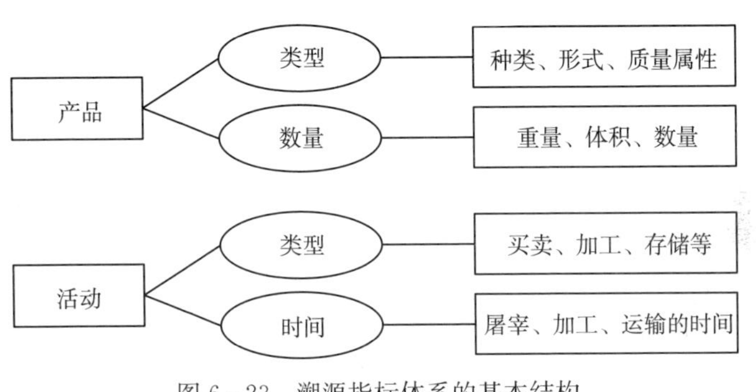

图 6-23　溯源指标体系的基本结构

（图片来源：王兆丹，2010）

（三）溯源系统及平台

我国的畜产品追溯系统是从 2004 年农业部建设动物防疫标识追溯信息系统开始的，此后家畜及畜产品追溯系统开始逐渐发展起来。2017 年，“国家农产品质量安全追溯管理信息平台”建成并上线试运行。同时，农业农村部也正在加快构建统一权威、协调联动的农产品质量安全追溯监管体系，努力实现农产品源头可追溯、流向可追踪、信息可查询、责任可追究。

以天津农产品质量安全追溯监管发展为例。在畜牧业方面，从 2009 年起，天津市政府制定《天津市畜牧条例》，对种畜禽生产、养殖管理、质量安全管理及监督管理等环节具体内容进行了明确规定。此后天津又陆续制定了《天津市无公害畜产品管理暂行办法》《天津市畜禽和畜禽产品质量安全检测证明管理规定》《天津市畜禽产品包装和标识管理办法》《天津市动物检疫出证管理暂行规定》

等规定、办法，为加强天津市畜禽产品质量安全提供了保障。2013年，天津市全面启动“放心肉鸡”建设工程。到2015年，天津市完成西青、静海等区（县）域内的100个“放心肉鸡”基地的升级改造，提升改造3个肉鸡屠宰企业，并完成了“放心肉鸡”可追溯信息化系统的研发和软硬件设备的支撑运用。畜牧主管部门重点围绕肉鸡养殖、屠宰加工、市场销售3个关键环节，推行规模化养殖、标准化生产、制度化管理、信息化监管，使“放心肉鸡”示范养殖基地全部实现依标生产。监管人员对养殖场户实行网格化管理，按“站（科）包乡、组包片、人包场”原则，对肉鸡养殖场户进行巡回检查，发现安全隐患及时消除，并跟踪检查。2017年，天津启动了为期两年的“放心猪肉”工程建设，增加72个基层畜产品质量安全检测点，实现养殖环节质量安全监管达到100%覆盖。天津市又开发了猪肉质量安全全程监管可追溯系统，实现饲养场、基层畜产品质量安全检测点、12个公路动物防疫监督检查站及生猪定点屠宰企业监管信息互联互通，实现天津市定点屠宰生猪100%全程监控。

第三节 应用模式

以北京市华都峪口禽业有限责任公司（以下简称“峪口禽业”）和北京农信互联科技有限公司（以下简称“农信互联”）为案例，通过峪口禽业蛋鸡基于农业物联网的标准化养殖应用模式和农信互联农业物联网畜禽养殖过程控制系统，阐释农业物联网、互联网、云计算、大数据在畜禽养殖过程中的深度结合与应用模式。

一、农业物联网标准化养殖应用模式

紧跟社会和科技发展的步伐，经过40年的历程，北京市华都峪口禽业有限责任公司（峪口禽业）由一家名不见经传的商品蛋鸡

养殖场成长为世界三大蛋鸡育种公司之一、全球最大的蛋鸡制种公司及中国蛋鸡第一品牌。1975 年建场至今，从自动化时代迈入信息化时代，再跨入智能化时代，峪口禽业紧跟时代浪潮，用最先进的工具武装企业，提升企业效率和效益。

1999 年，峪口禽业引入财务管理、固定资产管理、库存管理、工资管理等系统，实现财务电算化。2006 年，实施定制化系统开发与应用，包括蛋种鸡产业信息化管理系统和蛋鸡育种数据管理与分析系统。随着在全国产业布局的推进，峪口禽业组织规模不断壮大、业务复杂性与多样性不断增加，运行中沉淀出大量的信息。但这些信息各自为政，相互独立，甚至相互保密。因此，原有系统形成了信息割裂和数据孤岛。为此，峪口禽业 2014 年引入并推行全球最先进的 SAP 信息化管理平台，实现了涵盖产、供、销、人、财、物的全产业链集成化管理，做到数据记录清楚、分类清楚、分析清楚和指导清楚。通过系统模块互联、数据集成共享，公司实现自动化、一体化、网络化、智能化的管理，打破了发展瓶颈，提高了经营管理的效率和效益。

无论是从硬件装备还是从软件技术与应用水平角度评价，峪口禽业在国内农业企业中都处于领先地位，与国内同等规模的工商企业相比较也处于先进水平，表现在以下几点。

第一，设备自动化。1975 年，峪口禽业的前身——北京市峪口鸡场投产之际，就引进了世界最先进的蛋鸡自动化养殖设备，实现了喂料、饮水、通风、光照、温控、集蛋、清粪等饲养环节的自动化控制。公司通过线控总成技术，由中控设备向自动化控制设备发出操作指令，从而完成了蛋鸡养殖过程自动化管理，初具物联网“雏形”的自动化蛋鸡养殖，大大减轻了工人的劳动强度。

第二，饲喂管控自动化。饲喂管控系统实现对养殖饲喂过程的自动控制，提升了传统养殖的效率，实现饮水自动启停、同步记录、自动上料、同步称量等智能化控制。

第三，养殖环境控制自动化。环境控制系统实现远程集中控制，自动调节通风、湿帘、照明等环境参数。同时，系统通过预警数据配合实施监控，远程控制、调节设备运行状况。

第四，孵化环境控制自动化。峪口禽业系统化实现200台孵化器远程集中管理，通过参数设定，自动调节温湿度，并具有预警功能。

第五，管控信息化。步入21世纪，中国进入“互联网”时代。从1998年的“灯塔计划”，到2005年的物联网技术，再到2009年以后的云计算、大数据等，峪口禽业也步入了信息化养殖新阶段。

第六，产业智慧化。随着万物智联新时代的到来，峪口禽业率先在业内开始“产业＋互联网”的实践，致力于打造蛋鸡行业智慧养殖新模式。“智慧蛋鸡”就是峪口禽业打造的全面服务蛋鸡行业的综合性平台，是互联网技术、思维、组织形式在蛋鸡行业的实践应用（图6-24)。“智慧蛋鸡”主要包括汇资讯、会养鸡、惠交易这三大功能模块。汇资讯模块汇集养鸡人最需要的信息和技术，让养殖户随时随地了解最新的政策、学习最先进的成果；会养鸡模块提供养殖贴身管家，实现养殖数据时时记录、核心指标智能分析，更有坐堂兽医24小时在线，基于疾病诊断智库，为养殖户提供在线智能诊断服务；惠交易模块实现农资集采、农产集销，解决农户“买难卖难”问题。通过智慧蛋鸡物联互通，平台沉淀种鸡数据库、蛋鸡数据库和产业链数据库，构建了中国蛋鸡行业大数据应用模式，为种鸡企业、蛋鸡企业以及配套产业提供了数据解决方案，进而优化供给，开启蛋鸡行业大数据应用新时代。

第七，智慧育种。峪口禽业利用信息追溯平台，准确采集育种群6万只母鸡的主要经济性状测定数据和200万套扩繁群（祖代、父母带)、5 000万只商品蛋鸡的配合力测定数据，实现年亿万级海量数据的收集、处理和遗传分析。该系统建立了以大数据为基础、以客户端需求为导向、以国内优秀育种素材为依托的精准育种解决方案，来培育适合中国饲养环境的优秀蛋鸡品种，已经成功配出京红1号、京粉1号、京粉2号、京白1号这4个具有自主知识

图 6-24　峪口禽业的“智慧蛋鸡”APP

产权的高产蛋鸡品种。该系列品种已经连续 6 年（2011—2016 年）入选农业部主推品种目录，市场占有率 50%。

二、农业物联网畜禽养殖过程控制系统

北京农信互联科技有限公司（农信互联）是大北农集团控股的一家农业互联网高科技企业，全面承担“智慧大北农”战略的实施。农信互联以“农信网”为互联网总入口，以“智农通”APP 为移动端总入口，建成数据+电商+金融三大核心业务平台，形成“三网一通”产品链，构成了从个人计算机端到手机端的生态圈，实现了对农业相关产业全链条的平台服务。

农信互联创建了生猪产业链大数据服务平台——猪联网，为猪场提供猪管理、猪交易、猪金融等一系列服务，为养猪户打造了一个 360°的智能化服务体系（图 6-25）。该平台已成为国内服务养猪户最多、覆盖猪头数规模最大的“互联网+”养猪服务平台。

“猪联网”为生态圈内的用户提供猪管理、猪交易、猪金融三大基础性服务。猪管理是入口级产品；猪交易是把产业链链接起

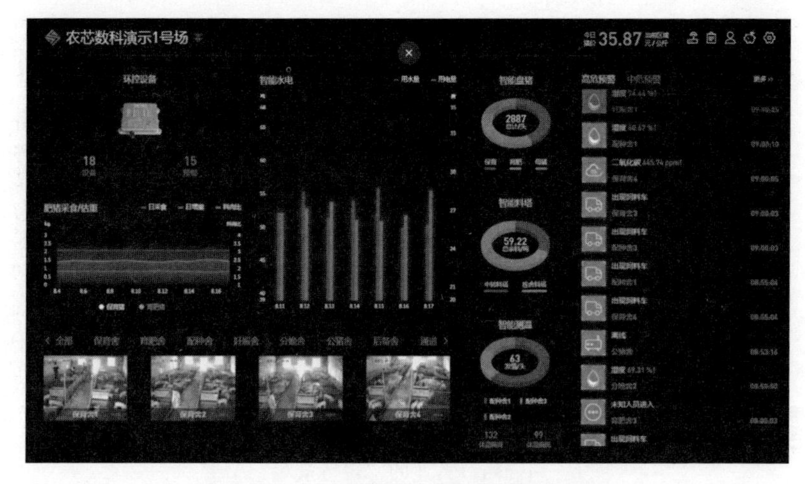

图 6-25 “猪联网”中猪管理模块界面

来，形成内部生态链；猪金融是为用户提供金融增值服务的。“猪联网”从大数据到电子商务再到金融，实现了从入口到整个产业生态链的整合，最终形成引领全国的行业公共服务平台。

（一）猪管理：技术创新融合

猪管理平台具体包括 3 项内容：一是通过集成无线传感器技术、个体射频识别技术、智能装备制造及云计算技术，开发规模化猪场精细饲喂设备与控制系统，实现养殖过程数据的在线化采集与精细化饲喂管控。二是利用环境监测与控制的物联网技术，包括 ZigBee 无线组网技术、嵌入式系统开发技术及智能环境感知技术等，开发监控猪舍环境温度、湿度、光照及空气质量的个人计算机端及移动端的软硬件远程控制系统，实现对养殖环境数据的自动采集与智能控制。三是利用大数据挖掘技术，分析生猪生产过程盈亏动态模型及各种影响参数，开发跨平台的可视化实时监控猪生产盈亏曲线走势专用软件或平台。通过移动互联网、物联网、云计算、大数据等技术，为养殖户量身打造集采购、饲喂、生产、疫病防控、销售、财务与日常管理为一体的猪管理平台，将包括猪场管理系统、行情宝、猪病通、养猪课堂等专业化产品。

1. 猪场管理系统

猪场管理系统以猪养殖周期为基础，融入 ERP 管理思想，并依托科学的分析模型帮助猪场实现量化管理，为养殖户提供科学的日常管理决策支持。猪场管理系统包括：①进—销—财管理。这个系统是为客户开发的进—销—存（进货、销售和库存管理）、往来管理和简单财务核算的管理软件，涵盖采购、销售、库存、费用、成本五大板块内容。②生产管理。该系统为每头猪建立档案，记录每头猪从出生或购买到售卖的整个过程，并构建生产预警模型对个体猪养殖关键节点进行提示，对异常情况发出警告。③指标与报表。该系统可实时对猪场各个指标进行分析，并自动生成专业化的生产报表、存栏报表、绩效报表等多种报表，让用户一目了然，洞察猪场生产绩效。

2. 行情宝

行情宝是一款为养殖户提供生猪价格查询和行情分析的应用软件。用户通过该应用软件不仅能随时随地了解全国各个地区的生猪及猪粮价格动态、行情资讯、每日猪评和行情预测，还可以参与报价、行情调查等互动，据此合理安排采购、生产和销售计划，减少盲目性。

3. 猪病通

猪病通是利用大数据分析和建模技术，实现猪病多终端自动和远程诊断的应用软件。用户只要输入猪的类型和症状就可以自动获得可能的疾病诊断结果、疾病介绍和防治措施。用户也可以上传猪病照片和病猪病情描述，请专业兽医进行诊断。

4. 养猪课堂

养猪课堂通过课件、文库、视频、音频等多种形式，提供猪场建设、繁育管理、饲养管理、猪病防治等多方面专业知识，为猪场经营者提供自我“充电”的平台，帮助其提高经营、管理、养殖技术水平。

（二）猪交易：开创生猪流通新模式

猪交易平台主要根据养殖过程中的生产资料采购和生猪销售需求提供电子商务服务，主要包括农牧商城和国家生猪市场两个部分。

1. 农牧商城

农牧商城汇聚了饲料、动物保护、种猪、设备等千余种优质商品，为养殖户提供一站式采购服务。养殖户线上下单，生产资料通过线下经销商配送至猪场。

2. 国家生猪市场

2015 年 12 月，农信互联与重庆科牧科技有限公司共同出资5 000万元成立了重庆农信生猪交易有限公司（农信互联持股80%），并由该公司运营国家生猪市场。国家生猪市场（SPEM）是农业农村部批准建设的我国首个、迄今为止唯一一个国家级畜禽产品大市场，年生猪在售量 1 亿头以上，年成交量 4 000 万头以上，覆盖全国 30 个省份，交易客户近 5 万户，交易品种涵盖全球主流品种，已成为我国大生猪现货电子交易市场。国家生猪市场是对传统交易模式的创新，市场全年交易不停歇，充足的货源为屠宰加工企业合理安排生产提供了保障，健全的保证金制度为订立电子合同、实现线上交易提供了保障。为了解决农牧商城和生猪交易所的物流运输问题，国家生猪市场平台同步开发基于位置服务（LBS）的第三方物流平台，使生产资料和生猪流通轨迹安全可控。集成 GPS 的车载定位系统可对目标车辆实时跟踪和轨迹回放，有助于形成生猪流通大数据，实现资源的优化配置。

（三）猪金融：探索金融服务创新

养猪离不开资金的支持。为打通猪金融各环节，农信互联布局了从征信、借贷、理财到支付的完整金融生态圈，推出了“农信度”“农信贷”“农富宝”“农付通”四大产品体系，提供全方位的金融服务。

猪联网聚集了超过 1.1 万个中等规模以上的专业化养猪场，50

万专业养猪人，覆盖生猪超过 1 600 万头，成为国内服务养猪户最多、覆盖猪头数规模最大的“互联网＋”养猪服务平台。截至 2016 年 7 月 6 日，国家生猪市场（SPEM）共完成网上交易 77 亿元，日平均交易额超过 8 000 万元；农牧商城累计完成网络交易额超过 600 亿元；农信金融为养猪户累计发放无抵押无担保贷款 35 亿元，帮助农户管理闲置资金 109 亿元，累计为养殖户实现理财收益 5 000 万元。当时预计，至 2019 年年底平台服务商品猪超过 4 600万头，发放科技金融贷款 100 亿以上，实现生猪电子交易量 2 亿头，交易额 3 000 亿元。同时，猪联网所构建的全产业链服务模式，大大加快了养猪业的产业升级步伐，取得了巨大的社会效益。

第七章　水产养殖物联网

第一节　概　　述

渔业为我国城乡居民提供66.7%的动物蛋白食品，水产品健康养殖在解决粮食危机、保障食品安全、改善民生、改进膳食结构、增加农民收入等方面发挥了重要作用。我国是世界上从事水产养殖历史最悠久的国家之一，具有丰富的养殖经验。改革开放以来，我国渔业调整了发展重点，确立了以养为主的发展方针。水产养殖业获得了迅猛发展，产业布局发生了重大变化，已从沿海地区和长江、珠江流域等传统养殖区扩展到全国各地。水产养殖业已成为我国农业的重要组成部分和当前农村经济的主要增长点之一。进入21世纪，我国农业已经进入了一个新的历史发展阶段，农业形势发生了根本性变化。农业生产进入了主要依靠科技提高农产品质量、加速结构调整、迅速增加农民收入、提高农业整体效益、改善生态环境以及大力提高农业国际竞争力的新时期。同时，劳力密集、资源密集的外延型增长方式已难以保持农业持续增长，以技术密集的内涵型增长方式将成为未来农业发展的必由之路。以“优质水产品、品味新生活”为主题的生活成为人们美好生活的一部分。然而，我国人口基数大，人均水产品消费水平与发达国家相比尚有较大差距。

在近20年间，全世界的水产总产量一直保持低速持续增长，由20世纪80年代初的90亿kg左右增长到2001年的120.2亿kg。目前，全世界的水产品年产量维持在140亿kg左右。我国的水产品产量一直保持着高速增长势头，养殖产量已占到世界养殖总产量的70%以上，是世界上第一个养殖产量超过捕捞产量的国家。据联合国粮食及农业组织数据，2016年我国水产品产量6 900万t。

其中，养殖水产品产量 5 142 万 t，捕捞水产品产量 1 748 万 t。

我国水产养殖正处在由传统粗放型向高密度、集约化方向发展的关键时期。近年来，我国水产养殖大水面、高密度放养，大量施肥投饵的大水面养殖模式，造成水质恶化、水资源短缺等问题。传统水产养殖业以牺牲自然环境资源和大量的物质消耗等粗放式饲养方式为主要特征，经济效益低而且污染水体环境。现代水产养殖业的发展向着规模化、高度集约化、高效生态的方向发展，传统的养殖模式已经无法满足现代水产养殖业的发展要求。因此，迫切需要结合现代物联网技术，研究水产养殖水质与环境关键因子立体分布规律和快速检测技术、水产养殖智能化和可视化无线传感器网络监测系统，开发水产养殖环境关键因子的实时控制技术和智能化管理系统。该系统集数据、图像实时采集、无线传输、智能处理和预测预警信息发布、辅助决策等功能于一体，通过对水质参数的准确检测、数据的可靠传输、信息的智能处理以及控制机构的智能化自动控制，实现水产养殖业的智能化监控，进而实现水产养殖业的智能化管理。该系统有助于推进水产养殖生产智能化、经营信息化、管理数据化、服务在线化，全面提高全县乃至全省水产养殖现代化水平，促进农民增收，达到合理利用农业资源、减少污染、改善生态环境的目的。

如何建立完整科学的养殖模式，将水产养殖推向可持续性发展方向，合理利用养殖水域和自然资源，保护养殖水域生态平衡，是水产养殖业迫切需要关注的问题。因此，科学化养殖是时代发展的需要，使养殖户逐步实现精准化养殖，使水产养殖变得更加量化可控，提高养殖效率。

《全国渔业发展第十三个五年规划（2016—2020 年）》强调“十三五”渔业发展要牢固树立创新、协调、绿色、开放、共享发展理念，以提质增效、减量增收、绿色发展、富裕渔民为目标，以健康养殖、适度捕捞、保护资源、做强产业为方向，大力推进渔业供给侧结构性改革。加快转变渔业发展方式，提升渔业生产标准化、绿色化、产业化、组织化和可持续发展水平，提高渔业发展的质量效益和竞争力，走出一条产出高效、产品安全、资源节约、环境友好的中国特色渔业现代化发展道路。基于大数据、云计算、物联网、遥感等现代信息技术的现代化水产养殖，标志着水产养殖从传统生产方式向现代化管理方式的转变，是渔业3.0升级的集中体现。随着科技的发展、物联网养殖的出现，采用无线传感技术、网络化管理等先进管理方法加强水产养殖信息化建设，大力建设与推广应用水质环境监控系统、养殖场管理系统、饲料自动投喂系统以及疾病诊断防控系统，最终实现水产养殖集约、高产、高效、优质、健康、生态、安全。

第二节 关键技术

一、水产养殖水质环境监控

池塘经过一段时间大量投饵，剩余残饵、动物粪便沉积池底，使底质恶化，产生有害物质，抑制水产养殖动物生长发育，破坏池塘生态平衡。水产养殖产量增长，高密度放养、产量和效益提高的同时，也对养殖环境造成污染，尤其是对池塘底部环境造成了很大污染，严重破坏池塘原有生态平衡。养殖水的环境恶化，一旦超过养殖对象的适应范围，养殖对象就会处于应激状态，降低其正常生理功能，表现为厌食、体弱、致病，甚至死亡。因此，在池塘安装水质监测系统，能够及时掌握水质变化，并提前做出对应措施，有效规避养殖风险，提高产量。

水产养殖中，水质环境监控的主要内容包括水体温度、pH、溶解氧、盐度、浊度、氨氮、化学需氧量（COD）、生化需氧量（BOD）等对水产品生长环境有重大影响的水质及环境参数，另外气候因素对水体的变化也会产生较大影响，作为相关因素也应进行监测。养殖环境监控的信息化技术手段主要采用智能水质传感器来监测水质参数变化，采用无线传感器网络、移动通信网络和互联网来传输水质参数数据，采用水质控制机械来调控水质参数，利用传感器技术、无线传感器网络技术、自动控制技术、机器视觉、射频识别等现代信息技术，对水产养殖环境参数进行实时的监测。然后根据水产养殖的需要，对养殖环境进行科学合理的优化控制，以实现水产养殖集约、高产、高效、优质、健康、节能、降耗的目标。

（一）养殖水域环境监测

1. 温度监测

水温是水产品养殖水质环境中十分重要的因素，其中包括进水口温度、池内温度、养殖场空气温度等。水温在水体中的分布不仅决定了水体中微生物的种类分布，影响有机生物的代谢，还能影响到水产品的生长、数量、繁育和摄食量等。而且水温也影响水体中其他水质因子的变化，与其有明显的相关趋势。同时，水温对水生动物的病害影响也比较大，很大程度上控制了水生动物的生存。研究发现，水温越高，鱼类摄食量越大，生长更快；水温越高，孵化时间越短。水温过低也会影响水产品的正常生长，因此需要计算合适的养殖水体的水温变化，尤其是短时间内的水温急剧变化对水产品生存造成的影响。对养殖水质参数的自生变化规律以及其影响因素进行研究分析，对关键水质参数进行预测，是水产品健康成长的关键。物联网监测系统可24h全天候监测养殖水域水体温度，当温度高于或低于设定范围时，系统自动报警，并将现场情况通过短信发到用户手机上，监控界面弹出报警信息。用户可通过重新设置，自动打开水温控制设备。当水温恢复正常值时，系统又会自动关闭，为水温监测提供了较好的技术支撑。

2. 光照监测

光是一个比较复杂的外部生态因子，包括光谱、光照强度和光周期。光在水生环境中具有特殊的特征。鱼对光变化的感受性随着鱼种类以及发育水平的不同而不同。光照时间长短、强弱决定着鱼类生长的繁殖周期和生产品质。通过自动计算水域养殖时鱼类需要的光照时间长短，来判断是否需要开关天窗是非常有意义的。

光对于依靠视觉摄食的鱼类是必需的，养殖人员需要通过实时监测光照强度，分析水生动物的摄食行为，计算不同品种水生动物的视觉阈值，形成不同光照条件下的摄食曲线，构建最佳摄食光照强度模型；实时监测光周期对水生动物摄食的影响，分析每天 12h 光照与全日黑暗 2 种条件下摄食量的变化；实时监测光谱成分对水生动物摄食的影响，分析不同品种水生动物对不同颜色光的敏感度，构建个体发育不同时期光波敏感性模型；获得光照对水生动物生长、发育、存活率的影响规律，提升水产养殖的效率。

（二）养殖水域水质监测

1. pH 监测

pH 是养殖水体中表示水体酸碱度指标的参数，通常与投喂的残饵、水产品排泄物、水藻类的繁殖、有机物分解等因素有关，换水、降雨等往往会影响水体的 pH 变化。水体 pH 在一定程度上影响着养殖水产品的生长繁衍和水质的理化状态，直接或间接影响了养殖水产品的健康生长。水体中 pH 的剧烈变化往往会给水产养殖带来严重的后果。研究表明，养殖水体中的 pH 变化直接影响着氨氮、亚硝酸盐、重金属离子的含量，还能控制着水产品的新陈代谢，间接影响水产品的成活率和质量。对于国内大多数的淡水养殖水体来说，pH 最佳范围是 7.5～8.2。当 pH＞9 时，大量的铵离子会转化为有毒的氨分子，制约水产品的正常生长。当 pH＜6 时，水中绝大部分硫化物以转化成硫化氢形式的存在，增大了硫化物的毒性。若是虾、蟹类水产品，还会导致其患上软壳病；若是鱼类，就会引起鱼鳃病变。氧的利用率降低，造成鱼类生病或者水中细菌大量繁殖。

pH 常用测量方法有化学分析法、试纸分析法和电位检测法。化学分析法、试纸分析法不能实现 pH 实时在线测量，而电位检测法一般采用玻璃电极传感器，体积小巧，便于携带和使用，测量的数据准确、可靠，免去了取样带来的不便，但需要人工记录数据、费力耗时、不能实现 pH 动态变化的实时监测。pH 在线监测系统按照不同的需求布置多个数据采集节点，每个采集节点定时采集水质 pH，并将采集到的数据按照通信协议封装后，通过移动网络发至汇聚节点，汇聚节点将整个移动网络采集的数据通过串口实时传输至监测中心，并经过误差修正处理后实时显示。

2. 溶解氧监测

溶解氧是指溶解于水中分子状态的氧，是水生物生存不可缺少的条件，也是水体污染程度的重要指标，若其浓度降低则表明水质已受到有机污染。溶解氧是水产养殖水质中最重要的影响因子之一。当溶解氧低于 1mg/L 时，就会引起鱼类窒息死亡。当溶解氧的含量趋近于 0 时，即溶解氧消耗速率大于氧气向水体中溶入的速率，此时，厌氧菌得以繁殖，水体就会恶化。因此，构建准确有效的溶解氧预测模型提前获知溶解氧的变化情况，可为水质管理提供指导，降低水产养殖的风险和经济损失、优化运营。

传统的溶解氧检测方法多是人员在现场定时定点取样，然后将样品带回实验室进行分析，难以保证所测数据的准确性和时效性。同时，为了全面地掌握水质污染现状，尽早发现水质的异常变化，要求对区域内的水环境进行全面、连续的监测。因此，在水质监测中采用溶解氧在线监测系统是非常必要的。为此，针对水产养殖水环境系统复杂，水质溶解氧具有非线性、大时滞、易受多因子变化的影响的特点，采用机器学习方法，构建溶解氧的非机理预测实现溶解氧的精准预测，动态分析溶解氧的含量与鱼类食欲、饲料利用率、鱼类生长发育速度等关系模型，为及时、准确地获取水质信息提供了科学依据。

3. 氨氮含量监测

氨氮（NH_3-N）以游离氨（NH^3）或铵盐（NH^{+4}）形式存在于水中，两者的组成比取决于水的 pH 和水温。但 pH 偏高时，游离氨的比例较高。反之，铵盐的比例高，水温则相反。养鱼池塘中的氨氮来源于饵料、水生动物排泄物、肥料及动物尸体分解等。

氨氮含量超高，会影响鱼类生长，过高则会造成鱼类中毒死亡，给生产带来重大损失。

氨氮自动监测的原理是分析亚硝基铁氰化钠存在下，氨根离子与水杨酸盐、次氯酸根离子反应生成的蓝色化合物，通过测定蓝色化合物的浓度来测算氨氮的含量，当监测氨氮含量，超出正常值范围时，就要对养殖区进行清洁或换水。

水产养殖水环境监测包括智能水质传感器与无线数据采集终端，主要完成对溶解氧、pH、水体温度、氨氮、水位、叶绿素等各种水质参数的实时采集、在线处理与无线传输。

水质控制站包括无线控制终端、电控箱以及空气压缩机、增氧机等各种水质调控设备，无线控制终端汇聚水质监测站采集的数据，并接收来自监控中心的控制指令。通过电控箱控制空气压缩机、增氧机、循环泵等水质调控设备的状态。气象站主要完成对风速、风向、空气温湿度、太阳辐射以及雨量等气象数据的实时采集、在线处理与无线传输。依据该气象数据分析水质参数与天气变化的关系，更好地预测水质参数的变化趋势，提前采取调控动作，保证水质良好。同时利用无线传感网络和 GPRS/GSM 通信功能、中央云处理平台构建现场及远程监控中心，实现现场及远程的数据获取、系统组态、系统报警、系统预警、系统控制等功能。

中央云处理平台是为专门现场及远程监控中心提高云计算能力的信息处理平台，主要提供各种养殖品种的水质监测、预测、预警以及为用户管理决策提供工具。同时可以配备远程视频监控技术，通过安装于现场的视频摄像头采集每个池塘塘面及周边视频数据。视频数据通过光纤或无线网桥设备传输至示范基地大容量硬盘录像机并完成图像存储，硬盘录像机通过交换机设备接入网络，并同视频服务器建立连接。用户通过桌面系统或移动端访问显示服务接口获得实时视频并进行实时监测，实现水产养殖环境安防监控和水质调控设备运行状况反馈，提高方案的可靠性（图 7－1）。

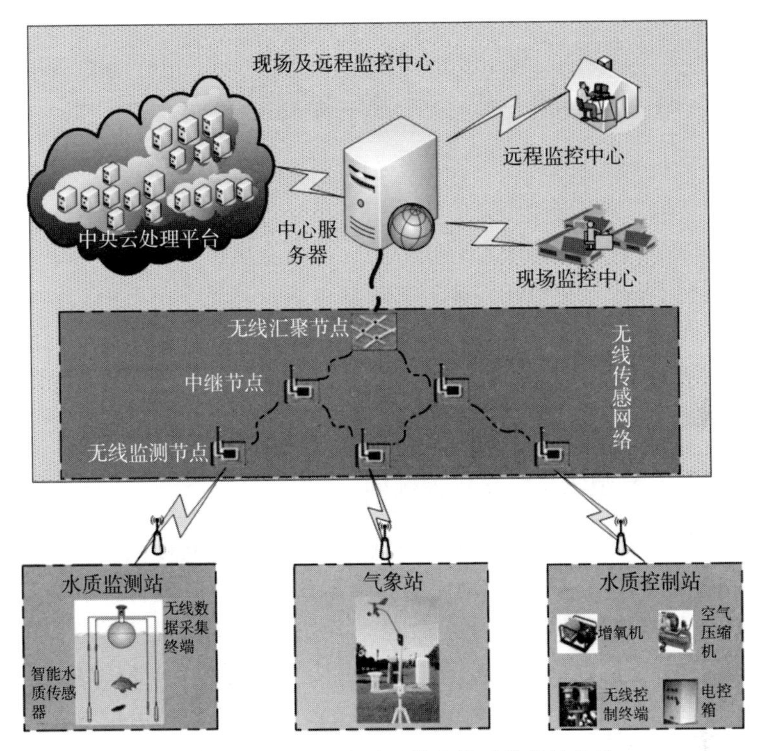

图 7-1　水产养殖水质环境监控系统总体架构

因此，基于智能传感、无线传感网、无线通信、智能处理、智能控制等物联网技术，集水质环境在线采集、智能组网、无线传输、预警发布、决策支持、远程控制等功能于一体的养殖环境水质在线监测技术，能够及时掌握水质情况及变化规律。

二、精准喂养智能决策

精准喂养智能决策根据各养殖品种长度与重量关系，通过分析光照度、水温、溶氧量、浊度、氨氮、养殖密度等因素与鱼饵料营养成分的吸收能力、饵料摄取量关系，利用养殖品种的生长阶段与投喂率、投喂量间定量关系模型，实现按需投喂。从而降低饵料损耗，节约成本。

（一）水体环境—营养—饲喂关系模型

通过分析水体环境—营养—饲喂内在关系和规律，可以实现养殖过程的科学精准投喂，解决因投喂不当导致的饵料浪费和水质恶化等问题。针对不同水产养殖模式、养殖密度、养殖品种等，利用数据分析技术，可以构建不同养殖品种的营养需求机理模型、水体溶解氧等有益参数与鱼类影响需求关系模型、鱼类生长与添加成分需求关系模型。根据这些模型可以获得基于水体养殖环境和水生动物营养需求的饵料配方模型和投喂决策模型。

（二）养殖生长优化调控模型

鱼类生长效果和效益需求不同，需要分析不同环境胁迫的鱼类生长性能影响关系，构建矿物质等元素对鱼类生长发育影响关系模型、水体污染物等有害元素与鱼类生长相互作用关系模型、不同地域鱼类生长适宜性模型、养殖鱼类生长性状数据存储管理模型等。进而为鱼类生长优化调控提供决策支持，建立高效、可持续、广适应能力的养殖生长优化调控模型。

（三）环境—行为精准饲喂模型

目前工厂化等具备机器视觉条件的养殖环境，可以构建基于机器视觉的鱼类饥饿行为分析模型、鱼类进食行为变化分析模型、投饲饵料残余估算模型、基于鱼类生长的饵料投饲量预测与估算模型、投喂量和产出量质量和数量分析模型等。实现水产养殖的精准、按需、健康投喂。

（四）水体环境—营养—疫病关系模型

不同养殖品种会发生不同的典型疫病，需要研究易发疾病水质难测参数与正常水质易测参数耦合关系模型、基于机器视觉的鱼类疾病行为分析模型、基于知识推理的鱼病诊断模型、基于机器学习和深度学习的鱼病快速预诊断方法、基于视频图像内容的预鱼病诊断方法等。为鱼类疾病诊断提供预测、预警和优化控制提供理论基础。

（五）饵料自动投喂

养殖对象的饵料需求量、生长速度及其饲料转化率往往随着环境条件的改变而改变，同时与饵料的品质和养殖对象的生理因素密切相关，这些因素使得养殖对象的必需饲料量具有不确定性。传统的饵料投喂只能执行定时投喂，不能统计饵料量且无法智能地根据水产品生长状况而改变投喂计划。也无法智能地感知水质、天气等一系列环境因素的变化来决定是否投喂或者调整投喂量。因此，需要分析水产品摄食规律，根据此规律控制投饵，实现利益的最大化。鱼群摄食过程具有一定的规律，可以通过监控鱼群摄食状态来控制投饵。养殖人员运用计算机图像采集和处理系统，按一定时间间隔摄取鱼群摄食过程中的多幅图片；通过图像分析可提取鱼群面积、鱼群密集度、鱼群数目等特征参数及其在摄食过程中的变化规律分析最优饲料投喂量。比如，鱼群摄食过程中会产生较大的声音，声音的强弱会随着鱼群的饥饿程度而变化，采用水声传感器可获得养殖鱼群在摄食过程中的声音信号，经过去噪和时频分析获得鱼群摄食过程中的时频特征，建立适应鱼群生长规律的投饵方案，实现鱼群的摄食过程和饥饿程度在线监控，并根据饥饿程度自动投喂饲料。

（六）水产养殖智能管理数据库

针对水质监控管理、精细化喂养、疾病预警与诊断、车间管理、质量追溯等环节，突破多源信息融合、海量信息分布式管理、大数据挖掘等关键技术，构建水产养殖智能管理知识库，为水产养殖水质管理、精细化喂养、疾病防控、车间管理等全程数字化管理提供数据支撑。

水产养殖生长优化调控模型及系统工艺路线图见图 7－2。

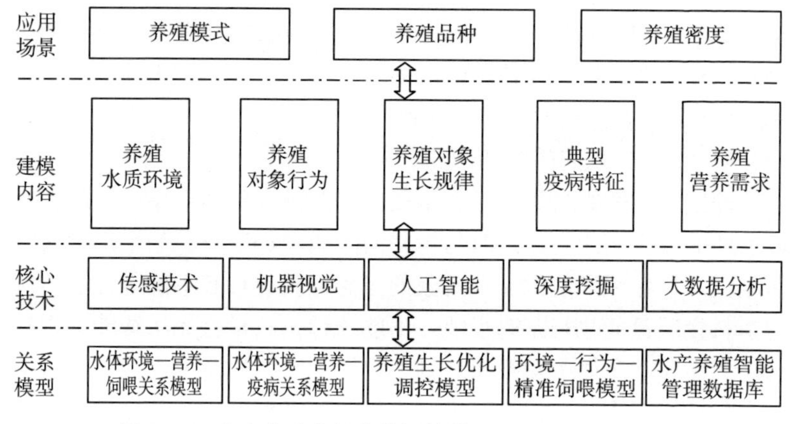

图7-2　水产养殖生长优化调控模型及系统工艺路线图

三、水产养殖疫病诊断与防控

水产养殖品种生病后往往不如陆生动物生病时那样容易被发现，一般在发现时已有部分动物死亡。因为它们栖息于水中，所以给药的方法也不如治疗陆生动物那么容易，剂量很难准确。并且，在发现疾病后即便能够治愈也耗费了药品和人工，影响了动物的生长和繁殖，在经济上已造成了损失。更为严重的是，治病药物多数具有一定的毒性：一方面，或多或少地直接影响水生养殖动物的生理和生活，使动物呈现消化不良、食欲减退、生长发育迟缓、游动反常等，甚至有急性中毒现象；另一方面，可能杀灭水体和底泥中的像硝化细菌那样的有益微生物，从而破坏了水体中的物质循环，扰乱了水体的化学平衡。比如，有大量浮游生物存在的水体中，往往在泼药以后，大批的浮游生物被杀死并腐烂分解，引起水质的突然恶化，甚至发生全池动物死亡的事故。另外，有些药物在池水中或养殖动物体内留有的残毒对水环境与水产品质量安全存在威胁。

对水产养殖过程中出现的疾病现象，传统养殖模式下很少记录其发病前后的水质变化、气象环境变化、投喂饲料以及药品的详细细节。专家只能通过观察水生动物的病斑、气味，根据经验判断其所患疾病，具有一定的局限性。同时，传统的送检方法时效性差，生病的水生动物很难做到及时有效地接受治疗，需要新的手段弥补。利用人工智能技术、传感器技术、机器视觉技术，根据水产养殖的环境信息、疾病的症状信息、养殖品种的活动信息，对水生动物疾病发生、发展、程度、危害等进行诊断、预测、预报。根据状态进行科学的防控，以实现最大限度降低由于疫病或疫情引发的各种损失，控制流行范围的目标。

水产养殖疾病诊断与防控针对水产养殖场水生动物疾病发生频繁、经济损失较大且疾病预防和预警系统缺乏等实际问题，是从水生动物疾病早预防、早预警的角度出发的。应该在对气候环境、水环境、病源与水产品疾病发生关系研究的基础上，确定各类病因预警指标及其对疾病发生的可能程度，并根据预警指标的等级和疾病的危害程度，建立水产品疾病预报预警模型。研究以现场调查、目检和镜检、防治为主要内容的疾病症状、病因、病名与防治方法、疾病诊断推理网络关系模型，可以实现水产养殖疾病精确预防、预警、诊治。

四、水产养殖智能装备

（一）智能投饵装备

智能投饵装备通过生产现场信息获取技术、获取水产品生长环境及养殖设备状态的数字化信息，包括：水温、潮流、溶氧量、水中饲料余量、水生动物行为和投饵机喷料状态等信息。结合信息技术与生物养殖技术，对投喂量、投喂速度、抛洒半径等进行智能决策，变量调控投喂量提高饵料利用率，综合分析智能化水下摄食监控、设备监测和控制饵料摄食情况。在投饵过程中，应用水下摄像技术结合计算机视频分析软件、自动气力提升系统以及内置深度和温度传感器，并通过无线视频发射器连接基地，可以全天候 360°在线立体监测和控制水产品摄食饵料的过程，实现自动判断残余饵料量并自动控制投饵过程。利用红外传感器和水底声波传感器的饵料残余量探测技术，降低饵料投喂量。此外，利用水产品活动迹象的声波探测技术，分析水产品位置改变与水产品自身食欲的关系，实现智能投喂。

（二）精准变量增氧设备

水产养殖中，养殖水体溶液的含氧量提升是保障养殖成功的关键。增氧机通过机械搅动、水体雾化、负压吸气等方式将空气中的氧气转移到养殖水体中，促进水体对流交换和界面更新，从而达到给养殖水体增氧的目的。目前我国水产养殖的养殖水体增氧，基本根据经验进行，劳动强度大、风险高。为了满足现代化鱼塘养殖模式的需求，增氧机正在向自动化、智能化的方向发展，采用基于物联网实时监控的自动增氧系统，根据实时监测数据自动增氧，可有效避免资源浪费、提高操作的自动化程度、降低生产成本和劳动强度。辅助自动增氧系统的自动增氧设备根据实时监测的水体溶解氧、水温，采用全自动 PI－PID 变频控制实现变量增氧，可实时显示图形化历史数据查询，根据溶氧值自动启停增氧机，规定时间段强制启停增氧机，规避传感器失效等因素带来的风险。该系统可通过按键或者手机随时启停增氧机，并可灵活设定启停维持时间；融合预测算法有效发现缺氧、仪器故障、突然停电等异常状态，并实时报警。

（三）循环水养殖设备数字化

工厂化循环水养殖系统（RAS）具有系统规模不受环境条件限制、节水、生态环境友好、养殖水环境可控、养殖水产品的生长速度可控，甚至可以预计产量等优点。工厂化循环水养殖的关键在于低成本、高效率的水处理系统。因此，研制适用于循环水养殖的水处理设备十分必要。工厂化循环水养殖系统以物理过滤结合生物过滤为主体，对养殖水体进行深度净化，并集成了水质自动监控系统，实时监测并调控养殖水体质量并可追溯。工厂化循环水养殖系统的关键技术主要有微滤机——循环水养殖中常用的物理过滤设备，用以去除水中的固体悬浮物，以降低生物过滤的负荷，提高系统水处理能力。经济适用处理能力强的微滤机，既可以保证固体悬浮物的去除率，又具备较低的运行能耗。

同时，循环水养殖设备具有定时和水位控制相结合的自动反冲洗装置，确保微滤机长期稳定运行。生物过滤是水处理的另一个关键技术环节，通过硝化细菌、亚硝化细菌的硝化反应将水中的氨氮和亚硝酸盐转化为硝酸盐，消除其对养殖水生动物的毒害作用，保证养殖生产的进行。生物过滤采用多参数水质在线自动监测系统对系统循环水水体进行实时监测，水质参数通过计算机保存处理后一方面进行直观的曲线和图表显示，以供分析研究和养殖管理；另一方面水质参数与设定参数进行比较判断后输出指令信号给电气自动控制系统，对相关水处理设备进行调节控制，从而保证了系统内水质良好稳定。

（四）智能收集装备研发

水产养殖规模越来越大，传统的机械化水产品收集方法费时费力，需要大量的劳动力。为有效节省大规模养殖的水产品收集效率，急需智能收集装备的研发。借助信息化技术，将可视化智能装备安装在拖网内，以获取水下实时视频，观察水下拖网内水产品内容，根据水产养殖对投饲、分池的需求，以水产品无损、连续、快速收集为目标，快速定位需要捕获的目标，实现水产品收集、分级计数等功能，节省水产品收集的时间。

（五）水产养殖机器人

我国的渔业生产长期劳动生产率低下，且目前我国已进入老龄化社会阶段，劳动力成本大幅提升，因而研制渔业生产作业机器人，建立无人化的水产养殖生产体系非常重要。利用现代技术改造传统水产养殖业，促进工业化和信息化向水产养殖领域的深度融合。作为人类探索海洋的工具，循环水养殖工厂巡检与日常管理机器人，池塘群养殖监测与管理无人机，深水网箱、大围网水下检测、网衣清洗、死鱼捡拾等功能机器人是机器人技术在水下的特殊应用，是机械、控制、信息、导航、船舶等学科相结合的前沿技术领域。

1. 循环水养殖工厂巡检与日常管理机器人

集成现场信息在线获取技术、机器人自主定位导航技术和信息交互传输技术，开发循环水养殖工厂巡检与日常管理机器人。机器人可携带高清摄像机、近红外摄像机、激光雷达、噪音传感器、温湿度传感器等设备，对养殖工厂进行巡检，及时发现工厂养殖过程中存在的问题，预防事故发生。并可结合生产环节进行工厂日常管理，逐步实现工厂的自动化、无人值守化。

2. 池塘群养殖监测与管理无人机

集成池塘群信息在线获取技术、无人机自主导航定位技术和信息交互传输技术，开发池塘群养殖监测与管理无人机。用无人机搭载高光谱成像仪、高清摄像机等设备进行成像，将无人机遥感数据和地面传感器数据进行信息融合，实现池塘群养殖监测与管理。研究人员重点研究无人机自主定位导航控制技术，实现无人机全方位自主移动，为多角度感知奠定技术基础。集成研究池塘群多参数监测技术，提高多参数监测的准确性、可靠性、稳定性。

3. 深水网箱、大围网水下监测、网衣清洗、死鱼捡拾等功能机器人

集成现场信息在线获取技术、自主导航定位技术、耐水生环境腐蚀技术，开发深水网箱、大围网水下监测、网衣清洁、死鱼捡拾等功能机器人；重点研究水下环境自主定位导航控制技术，实现机器人全方位自主移动，为多角度感知奠定技术基础；集成研究水质多参数监测技术，提高水质多参数监测的准确性、可靠性、稳定性。改进耐水生环境腐蚀、防水密封工艺技术，实现机器人稳定安全运行。

第三节　应用模式

一、多类型的水产养殖模式

我国围绕渔业发展“提质增效、减量增收、绿色发展、富裕渔民”的总体要求，通过现有技术模式集成组装，新兴技术模式熟化提升，传统技术模式升级改造，一、二、三产业融合发展和新型经营主体培育等措施，着力打造了一批可复制可推广的现代水产养殖新模式，推动水产养殖业转型升级，典型模式如下。

（一）池塘工程化循环水养殖模式

池塘工程化循环水养殖模式是集成池塘循环流水养殖技术、生物净水技术、高效集污技术等于一体的新型池塘养殖模式。该模式通过借鉴美国集约型池塘水产养殖技术，并结合我国各地池塘条件转化升级而来。

池塘工程化循环水养殖模式主要原理是利用占池塘面积3%～5%的水面，进行类似于工厂化的高密度流水养殖。该模式将池塘分成小水体推水养殖区和大水体生态净化区，小水体区形成常年流水高密度养殖，大水体区进行生态净化和大小水体的循环；利用视觉分析技术，主动获取鱼类产生的粪便、残饵等流动方向、沉积面积等，当达到一定阈值，自动启动纯物理杀菌、物理过滤、纳米微孔曝气增氧、池底清洁、水质循环生物净化、池塘隔离等功能，在养殖区域形成各种类型的多功能、多层次、多途径的高产优质循环生产系统，对残留在池塘的养殖尾水进行生物净化处理，降低水产养殖过程中的水体面源污染，实现清洁生产、高效节约水资源，实现水产养殖提质增效的创新发展方式。

（二）工厂化循环水养殖模式

工厂化循环式水产养殖作为一种新型高效现代养殖模式，以水的综合循环利用为主要特征，充分运用循环式工厂化水产养殖先进技术和手段。创造养殖生物良好的生态环境，以不受外界环境限制，成为水产养殖可持续发展的方向和研究的热点。工厂化循环水养殖模式最早始于20世纪60年代，最具有代表性的是日本的鳗鱼养殖生物包静水生产系统和欧洲组装式多级静水系统，但由于工艺流程长、设备繁琐、投资耗能较大未能有效推广。随着各种信息化技术的发展，全程智能化、自动化慢慢植入工厂化循环养殖，使其突破原有壁垒，用最少的投入得到最优质的养殖生物赖以生长的环境。

工厂化循环水养殖是在厂房内利用过滤、曝气、生物净化、杀菌消毒等物理、化学及生物手段，处理、去除养殖对象的代谢产物和饵料残渣，使水质净化并循环使用，少量补水（5%左右），进行水产动物高密度强化培育的模式。工厂化循环水养殖，不同于传统意义的粗放型养殖模式，涉及增氧、过滤、消毒、温度控制及氨氮、亚硝基盐调控等多项技术，集成运用生物学、水化学、机械力学、电子学、建筑工程学等多门学科原理，从而实现水产养殖过程的集成化、智能化控制。最终目标是将放养密度不断加大，使养殖生物能在优质、稳定的环境中快速生长，获得高产量。工厂化循环水养殖模式水温能保持稳定，变化幅度较小，不受天气影响，养殖车间里面没有四季之分，车间可以实现全年连续性生产。

（三）深水抗风浪网箱养殖模式

深水抗风浪网箱养殖模式指的是在相对较深的海域（通常情况下水深在20 m以上）安装网箱框架、养殖网衣、锚泊系统以及配套设施（水下监控、自动投饵、自动收鱼、水质监测和高压洗网机械等），具有较强的抗风、抗浪、抗海流的能力。深水抗风浪网箱养殖模式的推广应用，可提升网箱养殖的机械化和自动化水平，解决制约深水网箱养殖发展的养殖品种、高效饲料、健康养殖和技术集成等关键技术问题，使产业链各环节与整个产业有机衔接，以促进深海网箱养殖业的进一步发展。

深水抗风浪网箱养殖模式在我国起步较晚，海南 1999 年首次从国外引进第一套深水网箱，截止到 2010 年，传统网箱数量 6 500 箱，年产量 1 600t，养殖区主要分布在东升、衙前和惠州港北面海区等沿海海域，均采用传统的木架式网箱，传统网箱养殖模式资金投入比较小、养殖技术也比较完善，但因传统网箱以木板框架结构为主，抗风抗流性能差、养殖容量小、使用寿命短、养殖海区局限性大、容易发生大规模鱼病泛滥及鱼品质下降等问题。深水抗风浪网箱可将网箱设置在离岸较远的开放或半开放海域，具有不受内湾淡流、陆源污染和赤潮的影响，不会造成自身污染，能够抵抗台风的袭击；从养殖效果来看，与传统网箱养殖相比，具有抗风能力强、养殖容量大、鱼产品质量好、有利于病害防治、有利于保护环境、经济效益高等优点。

二、基于云服务的智慧水产养殖平台

为解决渔业信息化水平低、信息独立、资源利用率低、渔业技术推广困难等问题，根据以上养殖模式，将云服务模式应用到智慧水产养殖平台的建设中。智慧平台进行渔业数据梳理、整合，并通过网络向用户提供在线软件服务。用户通过购买平台的相关服务，就可以满足自己的需求。该方式极大地降低用户的成本，提高资源利用率。

企业、大型养殖户是水产养殖生产的主体。针对水产养殖环境对象具有的多样性、多变性以及偏僻分散等特点，智慧水产养殖平台基于移动物联网技术、云服务平台架构、智能工控等技术，可以为企业和大型养殖户节省大量人工成本和经营成本，使原来需要多部门、多工种联合操作的工作系统化、规范化，达到方便高效、灵活便捷等功效。智慧水产养殖平台通过长期持续的监测、调节和控制水质，可以起到增加养殖产量，降低养殖风险，标准化、系统化养殖，真正为养殖企业和大型养殖户带来良好的经济效益。企业和大型养殖户通过实时的了解市场动态、渔业政策、养殖技术等，更好地提升自身养殖技能，做出更好的养殖决策。

（一）宜兴市水产养殖环境智能监控系统

基于云服务的智慧水产养殖平台的典型，是宜兴市水产养殖环境智能监控系统。2009 年以来，江苏省宜兴市农林局面向“感知农业”发展的重大需求，积极寻求现代农业与物联网的结合点。并按照“引人才、建园区、上项目”的总体思路，积极开展农业信息化试验示范，和中国农业大学信息与电气工程学院合作在宜兴市高塍镇建立了宜兴市水产养殖环境智能监控系统示范基地。该系统既可以实现本地的养殖环境实时监测和控制，也可以实现远程监测和控制；既可以实现利用计算机的监测和控制，也可以实现利用手机的监测和控制。该系统通过对水质参数的准确监测、数据的可靠传输、信息的智能处理以及控制机构的智能控制，实现了水产养殖的科学养殖与管理，最终达到增产增收、节能降耗、绿色环保的目标。基地已经为宜兴市高塍镇的 1 000 亩河蟹养殖池安装了 13 个水质参数采集点，5 个无线控制点，5 个 GPRS 设备，配备了一座小型气象站，建立了一个监控中心。并通过手机短信平台将采集到的数据以短信的方式发送给全市 445 户水产养殖大户，为他们提供河蟹水产养殖参考数据，真正做到服务到户。经过一年的试运行，当地蟹苗的活性、存活率和亩产量与系统投入使用前相比提高了 10%～15%，经济效益增收明显。宜兴市农林局和中国农业大学信息与电气工程学院正在进一步加大示范力度，预计最终示范面积将达到 20 000 亩。

宜兴市水产养殖环境智能监控系统专门为现场及远程监控中心提高云计算能力的信息处理平台，主要提供鱼、蟹等各种水产养殖品种的水质监测、预测、预警、疾病诊断与防治、饲料精细投喂、池塘管理等各种模型和算法，为用户管理提供决策工具。宜兴市水产养殖环境智能监控系统流程界面如图 7－3 所示。

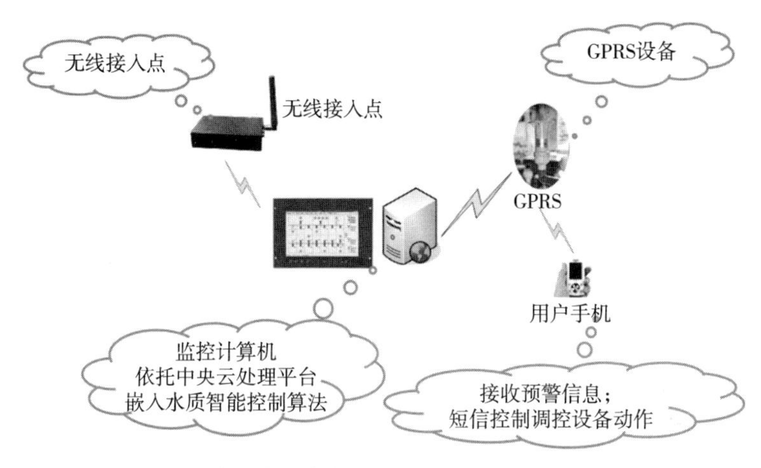

图 7－3　宜兴市水产养殖环境智能监控系统流程界面

（二）水产养殖产品质量安全管理系统

国家农业信息化工程技术研究中心开发的水产养殖产品质量安全管理系统（图 7－4），以提高水产养殖过程信息的管理水平及养

水产养殖产品质量安全管理系统

水产养殖产品质量安全管理系统

养殖种类：

用 户 名：

密　码：

登 陆　取 消

技术支持单位：北京农业信息技术研究中心

图 7－4　水产养殖产品质量安全管理系统

殖过程的可追溯能力为目标。该系统从对养殖企业的育苗、放养、投喂、病害防治到收获、运输和包装等生产流程进行剖析，设计水产养殖生产环境、生产活动、质量安全管理及销售状况等功能模块，以满足企业日常管理的需要。该系统包括基础信息、生产信息、库存信息、销售信息等功能，在构建水产品档案信息数据库的基础上，开发针对不同用户的生产管理模块、库存管理模块和销售模块。并将各模块集成，形成水产养殖安全生产管理系统。

第八章　农业物联网发展与展望

第一节　农业物联网发展趋势

随着“四化*同步”和乡村振兴战略的深入实施，物联网技术将渗透到农业产、供、销以及农村社会、经济、技术等各个环节，农业生产、经营、管理、服务信息化水平全面提升。农业物联网、农业云计算、农业大数据、精准作业技术、农业遥感技术、农业机器人等的研发方面也将取得重大突破，在引领创新、驱动农业转型中发挥积极作用，为我国农业全面升级、农村全面进步、农民全面发展注入强大动力。

随着大批创新型企业进入农业农村信息化领域，农业物联网核心技术和共性关键技术加速突破，产业和标准不断完善，应用规模将不断扩大，形成不同农业产业间、不同企业间、不同地区间的互联互通，农业物联网应用模式从闭环走向开环，最终形成智慧化的技术应用体系。

更透彻的感知。应用于农业物联网的传感器种类和数量将快速增长，微型、高可靠、多功能、集成化的传感器不断出现，形成天、空、海、陆、地这5方面一体化的综合传感器网络，最终将成为现实世界和数字世界的接口，深入到农业农村各个环节，深刻改变农业农村发展方式。

更全面的联通。面向农业复杂生产环境和行业类型的传输设备，高效、可靠的网络协议和操作系统，面向应用、低计算量的模式识别和数据融合算法，低功耗、自适应的网络结构，农业信息实现更全面有效的互联互通。宽带化、移动化、智能化、个性化、多

---

* 中国特色新型工业化、信息化、城镇化、农业现代化。——编者注

功能化正引领着信息社会的发展。

更优化的集成。随着农业物联网技术标准的制定和不断完善，农业物联网感知层各感知和控制设备之间、传输层各网络设备之间、应用层各软件中间件和服务中间件之间将更加紧密耦合，从感知到传输到服务实现一体化。

更智慧的服务。物联网打破了农业的传统思维，应用在农业上的解决方案不断成熟，技术不断得到整合和提升，逐步形成比较完整的物联网产业链。农业物联网的软件系统将能够根据环境变化和系统运行的需求及时调整自身行为，提供环境感知的智能柔性服务，进一步提高自适应能力。

第二节　我国农业物联网发展展望

未来的农业生产中，物联网系统将得到广泛应用。政府对农业物联网行业的政策支持和投入，必将使信息化成为构建现代农业产业体系、现在农业生产体系、现代农业经营体系的有力保障。

第一，基础设施日益健全，信息资源充分利用。新一代移动互联基站的建设，使偏远山区访问互联网的难题得到彻底解决，移动终端已进入百姓家，农民获取信息的能力将大大增强，城乡数字鸿沟不复存在。农业生产、经营、管理、服务等各领域、环节信息监测的范围将大幅度增加，监测数据实现爆炸式增长。对各类数据的分析处理能力将大大增强，经营决策均是基于大数据科学分析，农业治理水平和管理能力得到大幅提升。

第二，技术体系日趋完善，专业人才涌现。开发农业信息技术、信息系统、信息产品的组织机构大量增加且技术力量将大量增加，使用信息技术的农业技术人员也将迅速增长，基层农业技术推广站转变成农业信息服务站。越来越多的技术人员将花时间提升农业物联网技术，促进物联网技术在农业领域的普及应用。农业高等院校、科研院所学科建设将进一步增加物联网、信息化学科，两院院士将出现更多的农业信息化的专家学者。

第三，多方协同合作，通用技术平台出现。以物联网技术为代表的新一代信息技术将在大田种植、设施园艺、畜牧业、渔业等行业得到大范围应用。新型经营主体广泛应用物联网管理平台，实现对温、光、水、气、热、肥、药和病虫等影响高产优质高效生态安全的主要生产因子的监测与控制，逐步实现智能化。随着农业物联网的逐渐成熟，新的通用性强的物联网技术平台将出现。设备提供商、技术方案商、运营商、服务商协同合作，达成一个技术成熟、服务完善、产品类型众多、应用界面友好的解决方案，在此基础上，将会有大的公共平台、共性技术平台出现。

第四，农业设施装备实现智能化，劳动生产率切实提升。国产智能农业装备全面出现在农业生产各个环节，拖拉机、联合收割机、播种机、植保机械、节水装备、农林飞机等的信息化水平得到提升，生产效率和作业质量倍增。大田种植实现农田数字化管理、精细整地、精准播种、智能灌溉、精准施肥、精准施药、精准收获。设施园艺种植实现自动化节水灌溉、水肥药调控管理、温室环境综合调控、温室病虫害预警监控、质量安全追溯、专家远程指导服务。畜禽养殖实现精准饲喂、疾病远程诊断、环境自动调控、粪便自动清理、育种繁育数字化管理、智能挤奶。水产养殖实现养殖环境监控、智能精细饲喂、疾病诊治、养殖环境控制、产品追溯。农业劳动生产率和资源利用率得到切实提升。

第五，网络化、数据化、在线化贯穿农业经营管理。物联网技术带来农业经营与管理的变革。新型农业经营主体充分使用信息技术，进入网络化时代，对产前的生产决策和生产资料订购、产中肥水病虫监测管理、产后产品初级加工储运与销售全部通过网络实现。管理决策将建立在大数据分析的基础上，更加科学且更加符合实际。对农业各环节的生产调度与指挥，农业生态和资源的监管将实现视频化、在线化，农业行政效能和公共服务水平大幅提高。

第三节　我国农业物联网建设的保障措施

我国农业农村信息化的宏观环境逐渐形成，迎来了难得的推进机遇。坚持中央和地方统筹推进，中央围绕全局性、通用性、基础性的问题，开展引导支持、环境搭建、公共服务和考核评价，各地重点针对区域性、专业性、特色性的领域积极探索，同时撬动社会资本，合力推进农业农村信息化建设。

第一，加强顶层设计和规划引导。开展农业物联网理论研究、专题调研和顶层设计，编制中长期农业物联网发展规划，包括重大问题需求、战略目标、主要任务、重点领域、关键技术、保障措施等，推动形成与之适应的工程项目安排。

第二，推动建立信息化保障体系。研究出台农业物联网补贴政策，推动出台农业农村信息资源共建共享法律法规，营造农业物联网发展的环境。加大农业物联网发展专项资金规模，增加现有农业产业化和农村建设专项等对信息化的投入比重，加强财政保障力度。

第三，强化农业信息技术研发。积极推动在国家科技重大专项、国家重点研发计划中部署实施农业物联网重大工程。鼓励产、学、研这 3 个领域之间开展农业信息化科技合作，面向现代农业产业发展和智能农业产业培育，创制并熟化一批农业智能感知、智能控制、自主作业、智能服务等的重大技术产品。

第四，深化农业农村大数据应用。探索发展农业农村大数据的机制和模式，加快数据整合共享和有序开放，深化大数据在农业生产、经营、管理和服务等方面的创新应用，逐步实现农业农村历史资料的数据化、数据采集的自动化、数据使用的智能化、数据共享的便捷化，为政府部门管理决策和各类市场主体生产经营活动提供完善的数据服务。

第五，开展典型示范带动。选取重点领域开展农业物联网试点示范，集成农业信息技术和智能装备，探索信息化发展机制、推进路径和商业模式，培育一批可看、可用、可推广的示范典型，以点带面加速农业物联网应用，引领农业农村信息化发展。

第六，加快培育农业信息产业。建立完善多元化投入机制，坚持政府与企业互动，整合现代农业产业链各环节资源。通过政策引导，鼓励更多的企业与金融资本参与。培育智慧农业创新型企业，培育形成产业链条完整、产业集群度高的智能农业产业。

参 考 文 献

安晓飞，付卫强，魏学礼，等，2017. 基于处方图的垄作玉米四要素变量施肥机作业效果评价 [J]．农业机械学报，48 (s1)：66 - 70.

卜涛，2010. 集约化水产养殖无线传感器网络能量管理关键技术研究与实现 [D]．上海：上海海洋大学．

陈桂芬，马丽，陈航，2013. 精准施肥技术的研究现状与发展趋势 [J]．吉林农业大学学报，35 (3)：253 - 259.

陈维榕，王虎，彭志良，等，2016. 基于物联网的果园水肥一体控制系统的开发与应用 [J]．贵州农业科学，44 (8)：140 - 143.

陈晓华，2012. 农业信息化概论 [M]．北京：中国农业出版社．

邓晓栋，翁绍捷，2014. 基于 Android 平台的智能水肥灌溉系统设计 [J]．广东农业科学，41 (9)：203 - 206.

丁露雨，鄂雷，李奇峰，等，2020. 畜舍自然通风理论分析与通风量估算 [J]. 农业工程学报，36 (15)：189 - 201.

丁启胜，马道坤，李道亮，2011. 溶解氧智能传感器补偿校正方法研究与应用 [J]．山东农业大学学报（自然科学版），42 (4)：567 - 571，578.

董晓峰，2015. 畜禽养殖环境感知及动物标识技术装备集成研究和应用 [D]. 杭州：浙江大学．

范玉萍，2009. 基于精准农业概念下的农业机械化技术 [J]．农业科技与装备 (5)：104 - 105.

傅泽田，祁力钧，王俊红，2007. 精准施药技术研究进展与对策 [J]．农业机械学报，38 (1)：189 - 192.

高蕾，2014. 基于 ZigBee 与 GPRS 的畜禽养殖环境监测 [J]．智能计算机与应用，4 (3)：19 - 22.

高林，杨贵军，李红军，等，2016. 基于无人机数码影像的冬小麦叶面积指数探测研究 [J]．中国生态农业学报，24 (9)：1254 - 1264.

葛文杰，赵春江，2014. 农业物联网研究与应用现状及发展对策研究 [J]. 农业机械学报，45（7）：222－230，277.
葛文杰，赵春江，2014. 农业物联网研究与应用现状及发展对策研究［J］. 农业机械学报，45（7）：222－230，227.
耿丽微，钱东平，赵春辉，2009. 基于射频技术的奶牛身份识别系统［J］. 农业工程学报，25（5）：137－141.
管丛江，2009. 数字化指挥调度系统在农机管理中的应用［J］. 农业科技与装备，3：162－163.
郭俊，2018. 基于图像与声音信息的养殖鱼群摄食规律与投饵技术研究［D］. 宁波：宁波大学.
韩红莲，张敏，2015. 发达国家农业物联网模式对中国的启示与借鉴［J］. 世界农业，7：56－59.
何勇，2010. 精细农业［M］. 杭州：浙江大学出版社.
何勇，聂鹏程，刘飞，2013. 农业物联网与传感仪器研究进展［J］. 农业机械学报，44（10）：216－226.
胡云锋，孙九林，张千力，等，2018. 中国农产品质量安全追溯体系建设现状和未来发展［J］. 中国工程科学，20（2），57－62.
黄矽琳，2011. 渔业养殖水中氨氮自动测定的设计［J］. 中国电子商务（1）：58－58.
简林莎，张田昊，2006. 喷雾液滴图像的预处理［J］. 西安工业大学学报，26（4）：357－360.
姜德科，昝林森，杜书增，2014. 基于 VB.NET 和 SQL Server 肉牛场信息管理系统的研发［J］. 中国牛业科学，40（6）：47－54.
李道亮，2012. 农业物联网导论［M］. 北京：科学出版社.
李道亮，2012. 物联网与智慧农业［J］. 农业工程，2（1）：1－7.
李道亮，王剑秦，段青玲，等，2008. 集约化水产养殖数字化系统研究［J］. 中国科技成果，2：8－11.
李道亮，杨昊，2018. 农业物联网技术研究进展与发展趋势分析［J］. 农业机械学报，49（1）：1－20.
李瑾，郭美荣，高亮亮，2015. 农业物联网技术应用及创新发展策略［J］. 农业工程学报，31（s2）：200－209.
李瑾，马晨，赵春江，等，2020. “互联网＋”现代农业的战略路径与对策建议［J］. 中国工程科学，22（4）：50－57.
李军，2006. 农业信息技术［M］. 北京：科学出版社.

李君，徐岩，许绩彤，等，2016. 悬挂式电动柔性疏花机控制系统设计与试验［J］. 农业工程学报，32（18）：61－66.
李立伟，孟志军，王晓鸥，等，2018. 气送式水稻施肥机输肥装置气固两相流仿真分析［J］. 农业机械学报，49（s1）：171－180.
李奇峰，丁露雨，李洁，等，2019. 奶牛呼吸频率自动监测技术研究进展［J］. 中国畜牧杂志，55（10）：52－57.
李奇峰，李瑾，马晨，等，2014. 我国农业物联网应用情况、存在问题及发展思路［J］. 农业经济，4：115－116.
李奇峰，王文婷，余礼根，等，2018. 信息技术在畜禽养殖中的应用进展［J］. 中国农业信息，30（2）：15－23.
李松，张建瓴，可欣荣，等，2009. 果树三维外形轮廓的仿真与重建［J］. 华南农业大学学报，30（1）：94－98.
李小龙，李治国，陈华，2013. 北京市农机作业调度管理与精准作业系统［J］. 农业工程，3（s2）：44－48，50.
李雅丽，魏峰远，陈荣国，等，2018. 基于物联网和 WebGIS 果园监测系统的设计与实现［J］. 测绘与空间地理信息，41（8）：75－77，81.
刘帅兵，杨贵军，景海涛，等，2019. 基于无人机数码影像的冬小麦氮含量反演［J］. 农业工程学报，35（11）：75－85.
刘效勇，卢佩，2010. 激光平地技术在农业生产中的应用［J］. 现代农村科技，23：56－57.
刘永波，2017. 四川农畜育种攻关云服务平台的设计与实现［D］. 成都：电子科技大学.
卢闯，王永生，胡海棠，等，2019. 精准农业对华北平原冬小麦温室气体排放和产量的短期影响［J］. 农业环境科学学报，38（7）：1641－1648.
陆昌华，2009. 重大动物疫病防治数字化监控与风险评估及预警的构建［J］. 中国动物检疫，26（10）：24－26.
马伟，宋健，王秀，等，2015. 温室智能装备系列之七十五 基于 Web 的设施果园水肥药一体物联网控制系统设计及实践［J］. 农业工程技术・温室园艺，34：55－57.
缪新颖，邓长辉，高艳萍，2009. 数据融合在水产养殖监控系统中的应用［J］. 大连水产学院学报，24（5）：436－438.
亓雪龙，李慧峰，孙倩，等，2016. 物联网技术在果树管理中的应用现状［J］. 农业图书情报学刊，28（1）：35－38.

参考文献

齐飞，李恺，李邵，等，2019. 世界设施园艺智能化装备发展对中国的启示研究［J］. 农业工程学报，35（2）：183-195.

乔峰，郑堤，胡利永，等，2015. 基于机器视觉实时决策的智能投饵系统研究［J］. 工程设计学报，22（6）：528-533.

乔晓军，余礼根，张云鹤，等，2017. 设施蔬菜病虫害绿色防控系统研制与初步应用［J］. 农业工程技术，31：29-31.

沈明霞，刘龙申，闫丽，等，2014. 畜禽养殖个体信息监测技术研究进展［J］. 农业机械学报，45（10）：245-251.

史兵，赵德安，刘星桥，等，2011. 基于无线传感网络的规模化水产养殖智能监控系统［J］. 农业工程学报，27（9）：136-140.

史舟，梁宗正，杨媛媛，等，2015. 农业遥感研究现状与展望［J］. 农业机械学报，46（2）：247-260.

孙其博，刘杰，黎彝，等，2010. 物联网：概念、架构与关键技术研究综述［J］. 北京邮电大学学报，33（3）：1-9.

孙耀杰，蔡昱，张馨，等，2019. 基于 WDNN 的温室多特征数据融合方法研究［J］. 农业机械学报，50（2）：273-280.

唐华俊，2018. 农业遥感研究进展与展望［J］. 农学学报，8（1）：167-171.

唐珂，2013. 国外农业物联网技术发展及对我国的启示［J］. 中国科学院院刊，28（6）：700-707.

万雪芬，郑涛，崔剑，等，2020. 中小型规模智慧农业物联网终端节点设计［J］. 农业工程学报，36（13）：306-314.

汪懋华，2010. 农业工程创新驱动发展的战略思考［J］. 农业机械，11：42-47.

王德江，张涛，2011. 红外探测器成像实验研究光谱学与光谱分析［J］. 光谱学与光谱分析，31（1）：267-271.

王贵荣，李道亮，吕钊钦，等，2009. 鱼病诊断短信平台设计与实现［J］. 农业工程学报，25（3）：130-134.

王海彬，王洪斌，肖建华，2009. 奶牛精细养殖信息技术进展［J］. 中国奶牛，（3）：15-17.

王洁琼，贾娜，李瑾，2020. 国外农业信息化发展模式及经验［J］. 上海农业科技，6，41-44.

王心玉，2018. 农业物联网技术供需双方的演化博弈仿真分析［D］. 兰州：兰州理工大学.

魏鹏飞，徐新刚，李中元，等，2019. 无人机影像光谱和纹理融合信息估算马铃薯叶片叶绿素含量［J］. 农业工程学报，35（8）：126－133，335.
魏玉艳，2014. 基于图像处理的网箱养殖鱼群摄食规律研究［D］. 宁波：宁波大学.
吴文斌，史云，周清波，等，2019. 天空地数字农业管理系统框架设计与构建建议［J］. 智慧农业，1（2）：64－72.
谢龙，2019. 工厂化循环水养殖模式现状分析［J］. 当代水产（8）：90－91.
谢秋波，黄家怿，孟祥宝，等，2014. 农机作业调度管理云服务平台架构及其支撑技术研究［J］. 广东农业科学，41（14）：168－172.
谢秋菊，2015. 基于模糊理论的猪舍环境适应性评价及调控模型研究［D］. 哈尔滨：东北农业大学.
谢秋菊，苏中滨，Ji－Qin Ni，等，2017. 密闭式猪舍多环境因子调控系统设计及调控策略［J］. 农业工程学报，33（6）：163－170.
邢琳琳，2013. 基于 RFID 技术的多信息动态标识系统的研究及应用［D］. 杭州：浙江大学.
熊本海，傅润亭，林兆辉，等，2009. 散养模式下猪只个体标识及溯源体系的建立［J］. 农业工程学报，25（3）：98－102.
熊本海，杨亮，郑姗姗，2018. 我国畜牧业信息化与智能装备技术应用研究进展［J］. 中国农业信息，30（1）：17－34.
熊本海，杨振刚，杨亮，等，2015. 中国畜牧业物联网技术应用研究进展［J］. 农业工程学报，31（s1）：237－246.
徐维，赵德安，2007. 水产养殖中溶解氧的检测与控制技术的研究［J］. 农机化研究（1）：74－77.
许世卫，2013. 我国农业物联网发展现状及对策［J］. 中国科学院院刊，28（6）：686－692.
许世卫，2014. 农业信息分析学［M］. 北京：高等教育出版社.
许秀英，黄操军，仝志民，等，2011. 工厂化养殖水质参数无线监测系统探讨［J］. 广东农业科学，38（9）：186－188.
闫培安，王少兵，2008. 国内外动物标识系统的发展现状［J］. 中国动物检疫，25（10）：42－43.
阎晓军，王维瑞，梁建平，2012. 北京市设施农业物联网应用模式构建［J］. 农业工程学报，28（4）：149－154.
杨刚震，2013. 农村信息化中物联网技术研究与实现［D］. 济南：山东大学.
杨盛琴，2014. 不同国家精准农业的发展模式分析［J］. 世界农业，11：43－46.
杨硕，王秀，翟长远，等，2018. 支持种肥监测的变量施肥系统设计与试验［J］. 农业机械学报，49（10）：145－153.
易中懿，胡志超，2010. 农业机器人概况与发展［J］. 江苏农业科学，2：390－393.
于承先，徐丽英，邢斌，等，2009. 集约化水产养殖水质预警系统的设计与实现［J］. 计算机工程，35（17）：268－270.
余欣荣，2013. 关于发展农业物联网的几点认识［J］. 中国科学院院刊，28（6）：679－685.
俞卫东，金文忻，曹小波，2015. 智能水肥灌溉系统的研究与应用［J］. 江苏农业科学，6：415－418.
岳学军，陈柱良，王叶夫，等，2014. 基于 GPRS 与 ZigBee 的果园环境监测系统［J］. 华南农业大学学报，35（4）：109－113.
岳媛，赵刚，2018. 云技术下育种数据服务平台［J］. 中国种业，9：11－16.
云苏乐，2019. 基于热红外成像的猪只体温反演系统的设计与实现［D］. 南京：南京农业大学.
张保华，李江波，樊书祥，等，2014. 高光谱成像技术在果蔬品质与安全无损检测中的原理及应用［J］. 光谱学与光谱分析，34（10）：2743－2751.
张东彦，兰玉彬，陈立平，等，2014. 中国农业航空施药技术研究进展与展望［J］. 农业机械学报，45（10）：53－59.
张福墁，2010. 设施园艺学［M］. 北京：中国农业大学出版社.
张华，2012. 智能水肥一体化试验示范以及应用技术［J］. 福建农业科技，9：70－71.
张仁蜜，2020. 智能水产养殖管理系统中的物联网关键技术研究［J］. 物联网技术，10（108）：105－106.
张瑞瑞，文瑶，伊铜川，等，2017. 航空施药雾滴沉积特性光谱分析检测系统研发与应用［J］. 农业工程学报，33（24）：80－87.
张涛，赵洁，2010. 变量施肥技术体系的研究进展［J］. 农机化研究，32（7）：233－236.
赵春江，2009. 精准农业研究与实践［M］. 北京：科学出版社.
赵春江，2009. 农业智能系统［M］. 北京：科学出版社.

赵春江，2019. 植物表型组学大数据及其研究进展［J］. 农业大数据学报，1（2）：5－18.

赵春江，2019. 智慧农业发展现状及战略目标研究［J］. 智慧农业，1（1）：1－7.

赵春江，李瑾，冯献，等，2018. “互联网＋”现代农业国内外应用现状与发展趋势［J］. 中国工程科学，2018，20（2）：50－56.

赵春江，杨信廷，李斌，等，2018. 中国农业信息技术发展回顾及展望［J］. 农学学报，8（1）：172－178.

赵文星，2015. 果园环境智能监测系统及模型研究［D］. 南昌：华东交通大学.

赵贤德，董大明，矫雷子，等，2019. 纳米增强激光诱导击穿光谱的苹果表面农药残留检测［J］. 光谱学与光谱分析，39（7）：2210－2216.

赵允锋，2008. 激光平地技术在农业生产中的应用［J］. 农业机械，20：21－22.

郑纪业，2016. 农业物联网应用体系结构与关键技术研究［D］. 北京：中国农业科学院.

朱家健，2009. 激光平地技术应用及其分析［J］. 农机化研究，31（6）：240－242.

朱萍，2013. 基于 ZigBee 技术的水稻催芽智能监控系统的研究［D］. 哈尔滨：东北农业大学.

邹伟，王秀，高斌，等，2019. 果园对靶喷药控制系统的设计及试验［J］. 农机化研究，41（2）：177－182.

Brewster C.，Roussaki I.，Kalatzis N.，et al.，2017. IoT in agriculture：designing a Europe-wide large-scale pilot［J］. IEEE Communications Magazine，55（9）：26－33.

Hemming S.，de Zwart F.，Elings A.，et al.，2019. Remote control of greenhouse vegetable production with artificial intelligence-greenhouse climate，irrigation，and crop production［J］. Sensors，19（8）：1807

Kamilaris A.，Pitsillides A.，2017. Mobile phone computing and the Internet of things：a survey［J］. IEEE Internet of Things Journal，3（6）：885－898.

Kongsro J.，2014. Estimation of pig weight using a Microsoft Kinect prototype imaging system［J］. Computers and Electronics in Agriculture，109：32－35.

Krauchi J.，Paetkau M. J.，Miller C. C.，et al.，2013. Comparison of Infrared Thermography of the eye and rectal temperature for obtaining true body temperature as measured by a reticulum bolus in beef cattle [C]. InfraMation, At: Orlando, Florida.

Mengmeng D., Noguchi N., 2017. Monitoring of wheat growth status and mapping of wheat yield's within-field spatial variations using color images acquired from UAV-camera system [J]. Remote Sensing, 9 (3): 289.

Paustian M., Theuvsen L., 2017. Adoption of precision agriculture technologies by German crop farmers [J]. Precision Agriculture, 18 (5): 701-716.

Pezzuolo A., Guarino M., Sartori L., et al., 2018. On-barn pig weight estimation based on body measurements by a Kinect v1 depth camera [J]. Computers and Electronics in Agriculture, 148: 29-36.

农业物联网应用模式与关键技术集成（视频二维码）

大田种植物联网技术模式—水稻		畜禽养殖物联网技术模式—生猪	
大田种植物联网技术模式—玉米		畜禽养殖物联网技术模式—奶牛	
大田种植物联网技术模式—棉花		畜禽养殖物联网技术模式—养鸡	
设施园艺物联网技术模式—番茄		水产养殖物联网技术模式—渔业	
设施园艺物联网技术模式—叶菜		水产养殖物联网技术模式—蟹类	

农业物联网应用模式与关键技术集成（动画片二维码）

物联网技术在水稻种植中的应用		物联网技术在生猪养殖中的应用	
物联网技术在玉米种植中的应用		物联网技术在奶牛饲养中的应用	
物联网技术在棉花种植中的应用		物联网技术在养鸡中的应用	
物联网技术在番茄种植中的应用		物联网技术在渔业养殖中的应用	
物联网技术在叶菜种植中的应用		物联网技术在蟹类养殖中的应用	

图书在版编目（CIP）数据

农业物联网应用模式与关键技术集成 / 李奇峰，赵春江主编．—北京：中国农业出版社，2020.12（2023.7 重印）
国家出版基金项目
ISBN 978-7-109-27609-3

Ⅰ.①农… Ⅱ.①李… ②赵… Ⅲ.①物联网一应用一农业研究 Ⅳ.①S126

中国版本图书馆 CIP 数据核字（2020）第 237935 号

中国农业出版社出版
地址：北京市朝阳区麦子店街 18 号楼
邮编：100125
责任编辑：李　夷　刁乾超　李昕昱　　文字编辑：赵冬博
版式设计：李　文　　责任校对：吴丽婷
印刷：中农印务有限公司
版次：2020 年 12 月第 1 版
印次：2023 年 7 月北京第 2 次印刷
发行：新华书店北京发行所
开本：850mm×1168mm　1/32
印张：8.25
字数：215 千字
定价：45.00 元